HOW TO MAKE COFFEE

THE SCIENCE BEHIND THE BEAN

如何制作咖啡

咖啡豆背后的科学

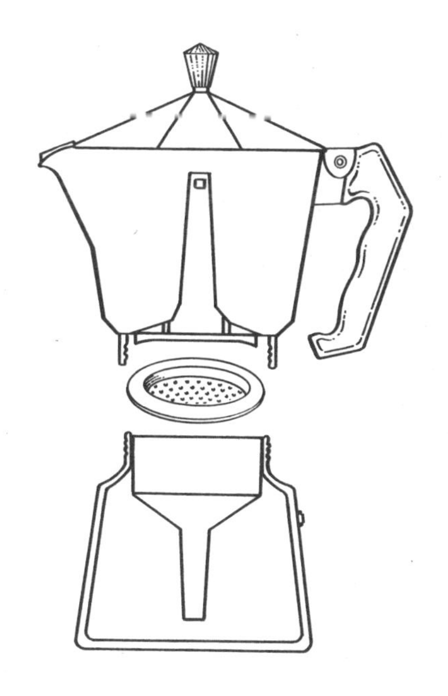

LANI KINGSTON

[英] 拉尼·金斯顿 著 金黎暄 译

后浪出版公司

CNS PUBLISHING & MEDIA 湖南美术出版社

全国百佳图书出版单位

目 录

本书介绍

《如何制作咖啡》并不是一本食谱，也不是咖啡豆集锦或生活方式的补充。这本书诠释了咖啡制作背后的科学原理，通过清晰的逐步讲解了所有主要咖啡制作方法如何实现，以及何种咖啡豆、烘焙和研磨方法是最适合这些方法的。

咖啡是在文艺复兴前后在欧洲传播开来的。咖啡发源于非洲，根据一个非常迷人的传说，它是由山羊群发现的，或者至少是由一位机警的牧羊人发现的，他看到了这种植物在他的牲畜上起到的作用。咖啡对于当时来说似乎是一种非常适宜的产品：将艺术、科学、探索和人类的好奇心融为一体，这种新鲜感恰恰是身处文艺复兴的人们所需要的，他们时刻准备着去面对时代的突破、发明、创造和模式的转化。或许，考虑到咖啡因对于大脑的影响，咖啡是文艺复兴肇始的原因之一……

虽然看似不可能，但可以确定的一点是，咖啡的化学成分使其能与人类的身体和大脑和谐共存，让它成为世界上最受青睐的饮品之一。咖啡因的分子结构，即活性成分，与人类身体中控制神经系统的化合物极为相似。这一化合物是腺苷（Adenosine），它通常会降低神经活动，而咖啡因会阻碍腺苷与它的受体连接，由此来重新激活神经系统。

咖啡是人们试图将咖啡因变成人类身体能够安全使用的物品的结果。人们通过种植、收割、加工、烘焙、研磨、混合、加水、加热、萃取、冲泡、制造机器来优化这些过程。这些都是有科学支撑的应用。了解咖啡背后的科学知识，咖啡的植物特征、生长环境、化学成分、物理特性、处理方法以及技巧——混合与平衡，就能够创造出一杯完美的咖啡。比如说，如果能理解为什么水必须要达到某种温度，咖啡颗粒的大小会怎样影响萃取的效果，咖啡粉与水的理想比例是什么，混合物溶解的不同比例，以及咖啡在杯中会持续冲泡多久，便能掌握咖啡制作背后的原理。无论通过何种方法，你和你招待的客人再也不需要去忍受一杯又苦又硌嘴、煮过火或是过淡的咖啡了。

第一章

咖啡豆的故事

咖啡种植带

咖啡是世界上用于交易的最有价值的自然商品之一，仅次于石油，在世界范围内被广泛种植和消费。人们认为，带有标价的咖啡最初是在东非逐步出现的。但全球范围内的探险行为把它带到了不同文化中。如今，全球有超过70个国家在种植咖啡，这个区域被称为“咖啡种植带”。

咖啡文化的起源

虽然关于咖啡消费的确切起源还不能完全确定，但咖啡很可能首先在埃塞俄比亚被发现的。人们一般认为，早在公元1000年左右，埃塞俄比亚的部落就开始研磨咖啡树中包含咖啡种子或咖啡豆的果实了，并把它们与动物脂肪混合，做成一种类似能量棒的食物，以保证他们在打猎或长途跋涉中保持体力。一些游牧部落甚至在今天还在食用这些能量棒。

根据广为人知的传说，咖啡偶然被人类发现是源自一个年轻的埃塞俄比亚牧羊人，他发现羊群在嚼过一种稀有的植物之后就不知疲倦地腾跃。牧羊人亲自尝试了一些，感觉到浑身充满能量，之后他将一些神奇的植物带回自己的部落。消息传播开来，余下的便成了历史。

最早关于人类种植咖啡的证据可以追溯到15世纪的也门。关于咖啡的发现，其中主要的猜测是关于它如何传播到阿拉伯半岛的。一些说法认为，苏丹奴隶咀嚼咖啡树的果实帮助他们在埃塞俄比亚到阿拉伯的跋涉中生存下来；还有一

一幅表现17世纪德国咖啡馆的版画

些说法认为，是一位伊斯兰学者在去往埃塞俄比亚的路途中发现了咖啡能起到提振精神的作用，于是在他回到阿拉伯半岛时将其带了回去。而其他说法将咖啡的传播直接描述为两个地区之间持续贸易往来的结果。

不管这些故事的详细经过如何，15世纪的苏菲派僧侣把咖啡当作饮料来饮用，以帮助他们在夜间时保持清醒。没过多久，这种饮品就在民众中变得广受欢迎，尤其受到穆斯林的青睐，出于宗教的原因，他们不可以饮用使人麻醉的饮料，例如酒精。咖啡店在阿拉伯语中被称作“kaveh kanes”，在阿拉伯世界中成倍增长，成为社交、教育和娱乐的中心。

咖啡以“阿拉伯酒”或“阿拉伯半岛之酒”闻名，而关于

法律意义上的土耳其咖啡

咖啡在15世纪晚期传入土耳其，并成了一种备受欢迎的饮品，以至于土耳其法律规定，如果丈夫不能为妻子提供每日定量的咖啡，妻子可以向丈夫提出离婚。

这种暗色、味苦并具有刺激性的饮料的故事，随着每年成千上万去到麦加的朝圣者回到他们的家乡。威尼斯商人首先在1615年将咖啡带到了欧洲，很可能将咖啡豆从中东带到了威尼斯，咖啡很快在那里成为时尚饮品。到了17世纪50年代，卖柠檬水的商贩开始在威尼斯的大街小巷出售咖啡，一同售卖的还有酒水和巧克力，而欧洲第一间咖啡店是在17世纪中叶开张迎客的。人们认为咖啡具有药用价值，有人宣称除了其他病痛之外，它还可以治疗醉酒、痛风、天花和恶心。

咖啡是如何走向世界的

16世纪到17世纪初，饮用咖啡的习惯在中东地区蔓延开来，向西到达了欧洲，向东则到达了波斯和印度，之后又到达了新世界。阿拉伯人试图通过掌控咖啡种植来维持垄断地位，在向国外出售咖啡种子之前，他们会将其煮过或轻度烘焙，以便使它们无法结出果实。尽管他们费尽心思，咖啡种植还是在17世纪拓展到了中东之外的疆土，这主要是荷兰人的功劳，因为他们掌握着当时的国际海运。

17世纪初，从也门往欧洲偷运咖啡树的尝试宣告失败。不过，在荷兰人从葡萄牙手中获得了锡兰（今斯里兰卡）的部分疆域后，他们发现了小规模的咖啡种植园。这些种植园由阿拉伯商人带到这里的植物开始，逐渐形成规模，荷兰人则逐渐在印度马拉巴尔海岸殖民地上的种植园发展种植规模。在17世纪90年代晚期，他们将咖啡树带到他们的殖民地巴达

在1773年的波士顿倾茶事件中，一船茶叶被捣毁

维亚（今爪哇岛），后来成为咖啡的主要来源。咖啡种子从那里被带到阿姆斯特丹的植物园中，1706年宣布在温室栽培成功。

咖啡树的首个植物学描述，“阿拉比卡咖啡”（Coffea arabica），就是由法国植物学家安托万·德·朱西厄（Antoine de Jussieu）于1713年在这些植物园中命名的。如今，咖啡的拥趸可以去到种植园中注视这些具有18世纪血统的植物。这些植物的前身就是目前世界上大部分咖啡树的来源。

在另一个背景下，据说苏菲派神秘主义者巴巴布丹（Baba Budan）私自将7颗咖啡种子从也门带到了印度西南卡纳塔克邦（Karnataka）的契克马加卢（Chikmagalur），之后这里也变成了举世闻名的咖啡种植区域。

与此同时，咖啡向西方的传播要归功于哥伦布大交换：东西半球随着哥伦布在1492年到新世界的探险，在植物、动物、思想和疾病领域进行的大交换。咖啡和茶叶朝着一个方向大量涌现，而巧克力则朝着另一个方向。18世纪早期，荷兰人在他们的南非殖民地荷属圭亚那（Dutch Guiana，今苏里南）开始种植咖啡，同时，阿姆斯特丹市长向法国的太阳王路易十四呈上了来自植物园的咖啡树。从这棵树上修剪下来的一部分由法国海军军官加布里埃尔·马蒂厄·德·克利（Gabriel Mathieu de Clieu）于1723年送到法国加勒比海殖民地马提尼克（Martinique），咖啡从此传播到其他加勒比海的岛屿以及法属圭亚那。据说咖啡树于1727年被偷运到巴西，造就了世界上最大咖啡产业。此后，也许是一个皆大欢喜的轮回吧，巴西咖啡树在19世纪晚期被运到了非洲东部的肯尼亚和坦噶尼喀（Tanganyika，今坦桑尼亚），新的咖啡变种被带到它的发源地——埃塞俄比亚。埃塞俄比亚自此成为世界十大咖啡产地之一。

另一边，咖啡在处于西班牙和葡萄牙统治下的中美和南美广受欢迎。在英属北美殖民地，直到1773年，茶还是主要的饮品，当时的定居者反对英国政府对茶叶收取沉重的赋税。1773年波士顿倾茶事件之后，咖啡变成了十三个殖民地的爱国主义饮品，这十三个殖民地随着独立战争（1775—1783）逐渐形成了美利坚合众国。

出产咖啡的国家不在少数，同时每个国家的产区也愈加多样化，不论是咖啡馆的采购人员还是消费者在购买咖啡豆时难免眼花缭乱。咖啡爱好者只能品尝味道、确定个人喜好并持续做一名善于分析的消费者。产自不同的土壤和环境的咖啡豆采用相同的方式加工之后，也会变得有共性，因此决定咖啡豆味道的不仅仅是它的产地。加工过程的每一步都有很多影响因素，从采收咖啡豆前的气候条件直到把它们变成杯中充满香气的黑色液体，不一而足。这就是为什么位于阿姆斯特丹的一间星巴克“实验室”会用咖啡豆进行试验，以求创造出可以横扫欧洲大陆的新口味。采购人员每年都会品尝来自各个产地的咖啡豆，遴选最佳品种。比如某一年埃塞俄比亚的耶加雪咖（Yirgacheffe）咖啡豆可能品质超群，而下一年来自苏门答腊的巴塔克咖啡豆（Batak）能够在挑剔的咖啡品鉴师中拔得头筹。

家庭咖啡师在持续尝试数不胜数的咖啡豆的过程中，也同样会变得长于此道。这便是咖啡的美之所在：世上有成千上万种咖啡豆、烘焙方法、研磨方式和萃取方法的组合，咖啡爱好者在生命中的每一天都可以品尝一杯崭新的咖啡。

咖啡豆的品种

茜草科（Rubiaceae）下有超过500属，其中就有咖啡属（Coffea），包括600种。尽管植物学家把所有茜草科的种子植物归为咖啡属，但是咖啡交易主要跟两个品种有关。

最重要的两个咖啡豆品种分别为阿拉比卡（Coffea arabica）和中果（C. canephora），它们占据了咖啡豆产量的大部分比重。一般来讲，咖啡豆主要可以分为两种，阿拉比卡和罗布斯塔。不过，从植物学角度来讲，阿拉比卡有两个变种，迪比卡（Typica）和波旁（Bourbon），而最常见的中果咖啡是罗布斯塔的变种。

此外，我们需要知道的很重要的一点：即便是单一品种的咖啡豆，不尽相同和难以预测的条件变化，以及不同的加工方法会炮制出不同口味的咖啡，而一个口味尚佳的咖啡豆品种在不同产地会呈现出完全不同的特性。

咖啡豆系统树

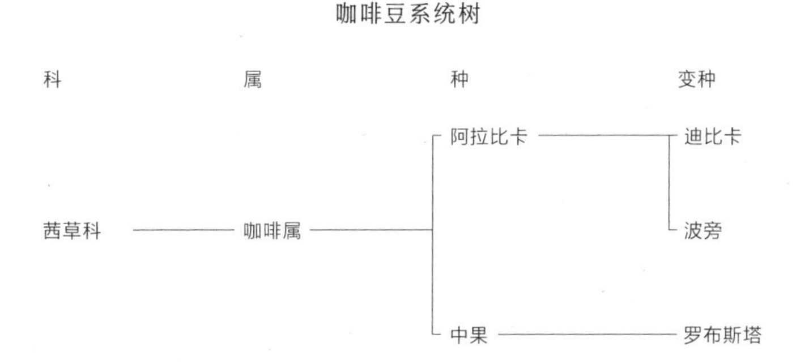

阿拉比卡咖啡

尽管阿拉比卡相比罗布斯塔含有更少的咖啡因，但在口感、顺滑度、酸度上都更胜一筹。根据国际咖啡组织的记载，60%的咖啡豆产量来自阿拉比卡栽培种。这一品种开启了埃塞俄比亚咖啡种植的序幕，至今仍处于优势地位。具有宜人香气的花朵在若干年后开放，结出椭圆形的果实，果实中通常包含两个扁平的种子，即咖啡豆。灌木丛生长高度可达到5米，但为了更具商业价值，通常种植者会将其修剪至2米。阿拉比卡有两套染色体，因此能够自花授粉，也就是说，它的形态比较稳定，因为异花授粉的可能性较小。

迪比卡是两种最常见的阿拉比卡变种之一，它是第一个被发现的变种，因此被看作是新世界最早的咖啡豆品种。这个变种的产量较低，因其上好的口感而颇具价值。

波旁变种以其丰富、和谐的芳香备受好评，并产生了很多高品质的变种和亚品种，比如自然变种的卡图拉（Caturra）、圣拉蒙（San Ramon）和帕卡斯（Pacas）。还有一些波旁被

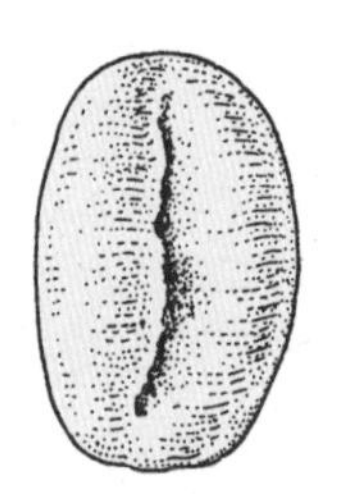

阿拉比卡咖啡豆

培育成为适应区域性气候、环境和海拔的品种，例如广受赞誉的蓝山（Blue Mountain），这一品种只能在高海拔成活。其他品种还包括新世界（Mundo Novo）和黄波旁（Yellow Bourbon）。

罗布斯塔咖啡

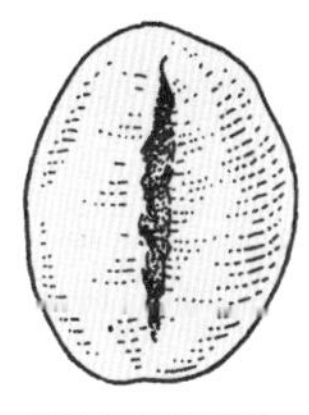
罗布斯塔咖啡豆

罗布斯塔是中果最常见的“变种”，也是阿拉比卡最适应人们所需的“弟弟”。尽管人们认为罗布斯塔的风味不算精致，但有时也会用它来制作浓缩咖啡，因为相比阿拉比卡，它能产生更好的咖啡油脂，即浓缩咖啡表面的油脂层。同时，这一品种生命力更强，抗病能力也更强，尤其是对咖啡锈病的抵抗力更强。它的产量也更高，并含有更多的咖啡因。人们认为罗布斯塔含有更高的咖啡因，与自然产生的绿原酸（Chlorogenic acids）一道，能够催生植物的自我保护机制，避免虫害和疾病。当绿原酸的含量较少时，会极大影响咖啡的口感。不过，罗布斯塔中的绿原酸相比其他品种含量更高，一些研究表明，由绿原酸产生的氧化产物会使咖啡产生异味，最终影响咖啡饮品的口味。

罗布斯塔在低纬度会呈现良好的生长态势，在相同的区域种植的阿拉比卡可能会遭到真菌、其他病菌以及虫害的侵害而被摧毁。罗布斯塔比阿拉比卡更加强壮，大小是阿拉比卡的两倍，在更大的湿度下生长良好。花期之后，果实需要大概一年的时间成熟。罗布斯塔是自花不育的品种，因此，借助自然风、蜜蜂及其他昆虫进行异花授粉对于其繁殖是非常必要的。

虽然罗布斯塔与阿拉比卡一样是变种，本身也并非咖啡种，但它却有若干亚品种。每个亚品种都有独一无二的特性，比如，有的亚种对病害具有更高的免疫力，以及比阿拉比卡更高的产量。

利比亚咖啡

利比亚咖啡的生长区域要远远小于阿拉比卡和中果，利比亚咖啡植株比这两个品种的植株更能适应恶劣环境。有时，当这两个品种遭受咖啡锈病等严重的病害时，它会成为这两个品种的替代品。尽管如此，利比亚咖啡的产量仅占世界咖啡产量的1%，因为其咖啡豆的质量较低，世界范围内对它需求也甚少。利比亚咖啡的叶片和果实比阿拉比卡要大得多，但咖啡豆的味道却更苦。有时，人们会把它们与高品质的咖啡豆混合使用。

野生咖啡和杂交咖啡

除了阿拉比卡、罗布斯塔和利比亚等品种外，还有很多咖啡树品种，其中一些也可以用来制作咖啡。不过，有些品种经济价值不高，不会用于交易。比如，人们会发现不计其数的野生品种只在特定的自然环境中生长。由于这些环境遭到破坏了，因此人们现在努力地在世界各地搜集这些品种的样本，以便保留生物多样性。世界咖啡研究会（World Coffee Research，WCR）正在埃塞俄比亚和南苏丹搜集和保留野生阿拉比卡咖啡样本，这也是该组织生物多样性项目的一部分。目前，人工种植的阿拉比卡咖啡的遗传基础严重受限，因此将野生品种分类有助于确保在未来的繁殖计划中开发利用遗传多样性。

自20世纪60年代至70年代绿色革命实施以来，科学家开始培育高产量的玉米，并着手在世界范围内使用农药，杂交咖啡因此在农场和种植园大量繁殖。虽然转基因咖啡还没有（很可能也不会有）商品化，科学家还是通过杂交繁育和其他手段长期以“自然的”方式调整各个种类。现代咖啡中耐旱、耐虫害、耐病以及高产和早熟的品种正在替代一度被广泛种植的原始品种。比如，鲁伊鲁11（Ruiru Eleven）可以抵抗咖啡黑果病和咖啡小锈病，已经大量种植，植株密度是正常的两倍。

绿色革命在许多方面让农民获益（玉米的体积更大、更方便收割、收入更有保障），但也有许多负面影响，有一种观点认为，生物多样性的减少不仅让玉米在面临新的疾病时容易遭受重创，而且这些玉米的新品种如果要存活还需要人类的干预。打个比方，如果一个农民没有能力购买农药，他的种植园可能要遭受灭顶之灾。

这一点可能给咖啡农业的未来蒙上一层阴影，但此时此刻更重要的是，这些品种在从植物转化到咖啡杯的过程中表现如何。很多咖啡热爱者都强烈谴责杂交品种，他们认为这些品种在口味上缺乏层次。不过，也有一些杂交品种是通过混合原始品种的味道、香气和口味，将每个原始品种的最佳品质发挥出来，并相互弥补，而不仅仅是为了让农民更容易种植或者获得更好的收益。其他咖啡品种是由两个亲和种自然杂交的结果，没有经过人工的干预。不管怎么说，只要咖啡豆本身品质良好，杂交咖啡仍然可以像其他咖啡变种一样制作出质量上乘的咖啡。

总之，想要挑选出适合自己的咖啡豆，就要成为一位见多识广、善于分析的消费者。知道阿拉比卡和罗布斯塔的区别，迪比卡和波旁有什么不一样是很重要的，这可不像选择一款老阿拉比卡豆，期待着把它做成一杯高品质咖啡那么简单。你需要靠同行评审、与本地的咖啡师和烘焙者交流，最重要的是，从海量的咖啡豆中尽可能多地品尝来确定你选的咖啡豆是当年品质最好的，同时也是你最喜欢的。

咖啡豆的结构

让我们回到咖啡豆的本体，去观察植物本身。在它们化身为我们熟悉的棕色咖啡豆之前，我们可以在咖啡树枝干上生长的果实中找到这些咖啡种子。

咖啡树有常绿的叶子，叶子上部有光泽，沿树枝开出白色芳香的花簇，最终形成果实。这些水果是核果，它们是依据成熟时不分裂的情况被分类的。它们表面柔软、多肉，里面包裹外壳，壳中就是种子，即我们所熟知的咖啡豆。咖啡树的果实在咖啡行业中更常被称为“浆果”或“樱桃”，直径约为1.5厘米，由两个不同的部分组成：外层**果皮**，它把**种子**包裹在果实内部。

果皮由三层组成。被称为**外果皮**的是最外层，最初是绿色的，但成熟后会呈现出鲜亮的红色或黄色。第二层由果肉构成，被称为**中果皮**，俗称黏质物。这一层特别甜，在加工过程中如何处理这一层决定了最终产品的风味。加工过程中尽可能长时间保留黏质物的方法通常会产生浆果般的甜味，这是从黏质物的发酵中产生的。最后一层是**内果皮**，通常被称为羊皮纸或外壳，它是包裹咖啡种子的外壳。

果皮之内就是咖啡种子，它也由三层组成：**种皮**，通常称为银色皮肤；**胚乳**，决定咖啡豆最终风味和香味的最重要部分；内层**胚胎**，咖啡豆本身的“心脏”。

种皮是包裹在种子周围的薄层。多在烘焙之前除去，也会在烘焙过程中剥落，但经常留下一些痕迹。胚乳是碳水化合物的来源，为幼苗提供营养物质。胚乳细胞含有丰富的多糖，同时含有蛋白质和矿物质。多种成分共同造就了咖啡豆的特殊风味和香气，包括绿原酸、脂类和咖啡因。

胚胎占据的空间较少，因为种子的大部分空间被其食物供给所占据，当出现水分和食物时，这个部分就会形成新的植物。

每个果实中通常包含两颗种子。世界上有不到10%的咖啡果实只有一颗种子。植物学家认为这些被称为珠粒的单一种子的果实是只有一个子房被授粉的结果。珠粒的粉丝们声称它们更甜、更饱满、香味更浓，因为他们认为，通常会在两颗种子之间分散的营养和化合物被浓缩到了一颗种子中。不过，也有人认为珠粒是一种有害的基因突变，并且认为珠粒的高发率是植物不育的征兆。

咖啡果实

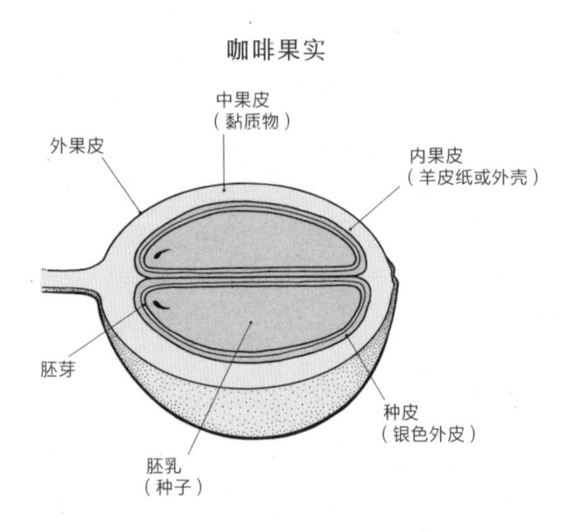

高还是低？

虽然许多因素都会在不同程度上决定一种咖啡豆的味道，就像葡萄酒一样，生长地的地理环境、地质环境和气候对味道有着不可否认的深刻影响。

高海拔地区被认为是种植咖啡植物的理想区域，较凉爽的环境推迟了咖啡豆的生长周期，这使得咖啡豆能够经历较长的成熟过程，从而产生更饱满、更丰富和更显著的风味。这种延长的成熟过程也确保咖啡豆充满了其生长区域的典型风味。高海拔的咖啡豆在贮藏时可以保持风味的时间更长，因为长期的生长使它们的硬度更高。科学研究表明，相较于低海拔咖啡豆，高海拔咖啡豆的品质和香味都远远更优。阿拉比卡咖啡在高海拔地区生长得最好，尽管种植的成本比较昂贵——它不仅成熟期较长，而且通常被有选择地采摘而不是一次性采摘，因此产量相对较低。

低海拔地区的咖啡作物由于成熟时间较快，因此产量较高，但这些咖啡豆与高海拔地区的咖啡豆相比需要区别对待——从烘焙到酿造皆是如此。低海拔品种生长迅速，出产的咖啡较软，因此无法经受深度烘焙。轻度烘焙时效果最好，其味道通常被描述为“有泥土的芳香、朴素以及清淡”。罗布斯塔咖啡在较低海拔地区生长良好，因为它更适合较恶劣的环境条件，如较高的气温和潜在的真菌污染。

第21页的图表试图对在从高到低的不同海拔高度生长的咖啡豆的风味特征进行分类，不过这些特征仅供参考，因为咖啡种植和生产涉及许多其他影响因素。海拔较高、成熟过程较长的咖啡豆产生了复杂的糖分和更浓的风味，而低海拔地区咖啡豆的味道则通常较温和且酸性较低。

咖啡生长的海拔高度是影响咖啡豆化学成分构成的主要因素。罗布斯塔的咖啡因含量比阿拉比卡咖啡因的含量高得多，据说这为植物提供了天然的杀虫性，让该品种更强健，并有助于更好地承受低海拔地区的环境压力。一些科学家认为，阿拉比卡已经进化为含有较低水平的咖啡因，因为在更高的地区，用咖啡自身的苦味防御昆虫危害并非必须。

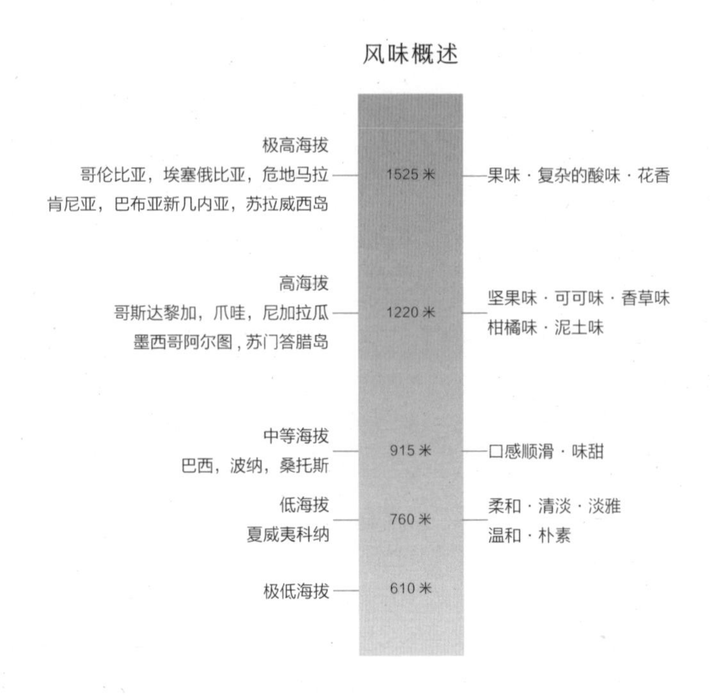

咖啡豆的生产

采收咖啡果实的方式有两种：一种是一次性采摘，所有作物在种植园一次采摘完成；还有一种是选择性采摘，只采用手工采摘的鲜红、完全成熟的果子。

一次性采摘

这种采收方法采用机器或手工，但在两种情况下，咖啡树都是被一次性采摘完。通过机械采摘时，收割机会沿着种植区采收，用旋转的机械手臂将果子击打下来。负责收集果实的工人尾随其后，从铺在地上的防水布上捡起果子，把它们放在篮子或袋子里，同时将果子从树枝和其他杂物中分离出来。或者，工人们会直接用手捋树枝，让所有的果实落到防水布上或直接放进袋子里。在加工厂，这些果实被放入分拣机分拣，将过熟、欠熟、损坏或腐烂的果实剔除，挑出成熟和完整的果实。

一台采摘机每天可以采集到250公斤的果实，但是用这种方法，不合格的果实很容易通过分拣过程，从而降低最终果实的质量。

选择性采摘

这种采收方法通常用于生产质量更好的咖啡豆，因为每个果实都是在成熟度达到最佳状态时被摘取的。可是这种方式属于劳动密集型，所以通常留给阿拉比卡咖啡豆。工人只选择完美的果实，小心地把它们放在篮子里。每一棵树在整个采收季节都会被多次采摘，直到工人们采摘完所有成熟度达到最佳的果子。

工人会快速分析果实，以确定其成熟度。他们会依据一些指标，如颜色和硬度，完全成熟的果实应该相对较柔软，种子可以用手挤压出来。

如果果实太硬，就表明未成熟，如果太软，就表示过熟以及大部分果肉和黏质物分解。果皮层缺失会在去除果肉的过程中导致咖啡豆的损害，因为没有足够的黏质物使果实可以轻松地滑过果肉去除机。类似的问题也会发生在未成熟的果实身上，因为黏质物的量还不够充分。进行选择性采摘的工人每天可以采摘约100公斤果实。

世界各地的采收方式取决于作物的成熟时间和特定的生长环境。例如，在巴西，恒定的温度和平坦的地貌意味着当植株达到75%或以上成熟时，整个植株都可以被采摘。在这种情况下，分离和丢弃过熟或未成熟的果实比只用手工采摘成熟的果实，让其他未成熟的果实留在植株上更经济方便。

咖啡树种植之后，通常需要3～5年才能结出果实，具体的时间长短取决于品种。每棵树每季的产量是2～4公斤，不过每年都会有变化，这取决于环境因素、树龄和土壤条件。

果实采收后应该尽快进入加工环节。一般比较推荐的是，在采摘果实后，进入加工过程的时间不应超过24小时，还有许多种植园在加工前不会让果实的放置时间超过10小时。果实一旦离开咖啡树，糖就开始转化为淀粉，而果实变质会迅速降低其品质。黏质物层会快速分解，咖啡豆周围的保护层变少。这可能导致咖啡豆在去除果皮的过程中变质，对过熟和未成熟的果实来说也是一样。果实在采收后会立刻开始流失水分。农作物通常按重量出售，因此，加工之前果实被放置的时间越长，作物的价值就越低。

果实加工

咖啡果实在采收后，会进入加工流程，以便除去黏质物和果肉。然后，种子也会被干燥，使其水分达到一个特定的程度，这是把它们变成适合研磨和萃取为饮料产品的第一阶段。

过去，加工咖啡果实主要有两种主要方法——干法和湿法，但现在，第三种方法被越来越多的使用，我们称之为半干法。这个术语包括不同的加工技术，其具体定义取决于生产的国家。

干法

这种方法也称为自然法，水资源有限的国家更多采用此法。这种方法基本不需要机械，是最古老、最传统的咖啡加工方法，其步骤包括让果实保持完整，并把它们放在外面晾干。

首先，用压缩空气或水清洗咖啡果实。在这个阶段使用水还有一个额外的好处，那就是可以同时把果实分拣出来，因为未熟的果实会漂浮到上面，很容易被去除。

然后，把果实放在垫子上、大桶里或混凝土板上晾干，白天用耙子翻转，晚上将其盖上，起到保护作用。这个过程通常要持续几个星期的时间，直到水分含量降低至10%～12%。这是加工过程中最重要的环节之一，因为过度干燥会使咖啡豆变脆，如果果实铺得太厚，会导致真菌和细菌污染。

大多数罗布斯塔咖啡使用这种传统的干法加工，大部分巴西的阿拉比卡咖啡豆也是如此。通常人们认为这种方法是用来

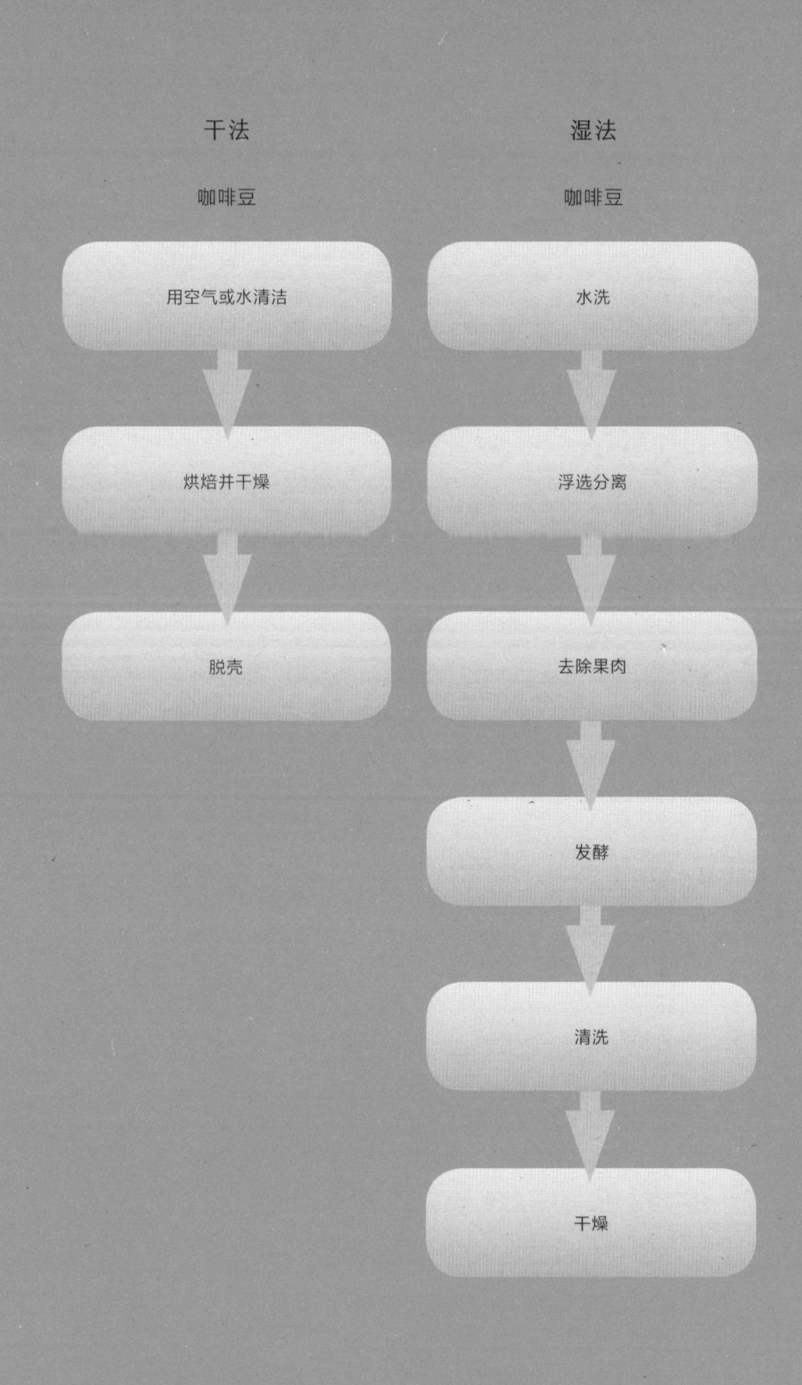
干法
咖啡豆
用空气或水清洁
烘焙并干燥
脱壳
湿法
咖啡豆
水洗
浮选分离
去除果肉
发酵
清洗
干燥

加工次等咖啡豆的，因为质量不一致、品质被损坏或遭受污染的可能性比其他方法高。然而，这种方法却倾向于生产出味道更香醇、更复杂的咖啡豆。因为果实留在豆子上的时间更长，所以咖啡的味道更显著，而果实的甜味则会转移到绿色的种子上。自然法加工的咖啡以其醇厚的口感、甜美的野生浆果风味而闻名。

果实经过干燥后，就可以储存在筒仓中，静候其他加工流程。成熟期过后，它们被运送到工厂，由大型铣床加工。这些铣床将珍贵的果实精华与干瘪的果实分开。这个过程被称为脱壳。接下来，是对提取的咖啡豆进行分类，丢弃有缺陷的咖啡豆，对其余的咖啡豆进行分级和包装，以便运往世界各地的烘焙者手中。

湿法

这种加工咖啡的方法也称水洗法，通常只在富裕的咖啡种植区使用，因为它需要大量的水和一系列昂贵的机械设备。这个加工过程主要由机器驱动，众所周知，它可以生产出质量更上乘的咖啡，因为有缺陷的咖啡豆通过人为误差进入最终批次的可能性降低了。

首先，被倒进水箱里的果实会被洗干净，然后顺着水流而下。接下来是浮选分离阶段，果实会根据大小和成熟度进行筛选。在固定表面和运动表面之间移动时，果肉被移除，也就是说，机器会移除果皮和果肉，只留下种子和黏质物。此后，种子进入发酵罐，根据品种的不同特性，发酵12～80小时。在这些罐中，咖啡果实中的酶会分解黏质物。有时工人会在发酵桶里加水，但一般来说，黏质物本身的水分就可以制造适合发酵的环境。简单的触摸测试就可以确定黏质物是否已经分解得足够充分——用双手摩擦的种子应该具有坚硬的质地。在某些情况下，黏质物会通过机械除去，而不是通过发酵。有的咖啡专家提倡传统的发酵工艺，但杯测表明，这两种方法往往没有太大的区别。

接下来，冲洗被包裹在一层类似羊皮纸里的种子，以便除去剩余的黏质物，然后就开始干燥过程了。工人会按照传统方法将豆子放在天井或干燥床上，在阳光下晒干，或者把它们放在机械干燥机中干燥，也可以将两种方法结合，直到水分含量降低到所需的10%～12%。到了这个阶段，咖啡就被称为“羊皮纸咖啡”了，因为有一层类似黄色羊皮纸的东西附着在种子上。

去壳的最后一个阶段是去掉这层“羊皮纸”，露出下面生咖啡豆，接下来就可以把它们运送到咖啡烘焙者、咖啡萃取者和速溶咖啡生产商那里了。

世界上至少有50%的咖啡是用湿法加工的，因为湿法加工可以让每个批次的咖啡豆质量保持一致，制作出口感更纯粹、更爽口的咖啡。稳定的质量对于维护国际贸易伙伴关系很重要，咖啡是世界上出口量最大的商品之一，行内人员都会寻求并十分珍惜这种合作关系。湿法减少了由于人为因素或环境条件造成的腐败和质量降低，加工过程的每个阶段都是可控的。虽然干法加工成本较低，但湿法（以及机械加工过程）可以提高产量，减少人工，同时确保风味的一致性。

半干法

近来经常被采用的加工方法是半干法，或称为半水洗法，在某种程度上是干法和湿法的结合。这种方法主要用于特种咖啡的生产，经过大量实验并最终确定的，其研发背景是咖啡的流行和全球对咖啡的需求已经呈现出井喷状态。

半干法遵循与湿法相同的过程，直到去除果肉这一步，之后豆子会被干燥，而黏质物仍然附着在上面，这一过程会跳过发酵阶段。由于黏稠的黏质物层阻止了机械加工过程中种子的干燥，因此必须进行日晒，从而使咖啡豆产生类似传统方法加工后呈现的特性，例如甜度和降低的酸度。

所有在干燥过程中保留这种黏质物层的咖啡都称为半干咖啡，不过在不同的咖啡生产国之间加工方法有所不同，这导致了业界内对这个术语的确切含义众说不一。例如，印度尼西亚的湿刨法通常也被归类为半干法，而实际上它不同于中美洲使用的半水洗法。湿刨法包括短暂的发酵时间，期间不会除去所有的黏质物，这是初始干燥的步骤，使咖啡豆在脱壳之前的水分含量达到40%，随后会重新开始干燥的过程，最终使水分达到10%～12%。

在哥斯达黎加，半干法制作的咖啡豆也被称为“蜂蜜”或

“蜜咖啡”，因为咖啡果实给豆子带来了一定程度的甜味。其加工过程需要将咖啡豆充分干燥至水分含量10%～12%，同时仍然保留黏质物。

在咖啡豆加工过程中，有许多看似微小的因素可能导致最终产品的重大变化。例如，在稳定的环境下快速干燥的咖啡豆通常比缓慢干燥的咖啡豆具有更纯粹、清爽的口感，而后者的果味则更浓。

咖啡豆的加工方法可能是影响咖啡豆最终风味的重要因素之一。这些咖啡豆最后会进入到你的咖啡杯中，不管你是在寻求甜度、果味还是酸度，了解咖啡豆的加工方法都可以帮助你选择适合的咖啡豆。

第二章

咖啡豆的化学成分

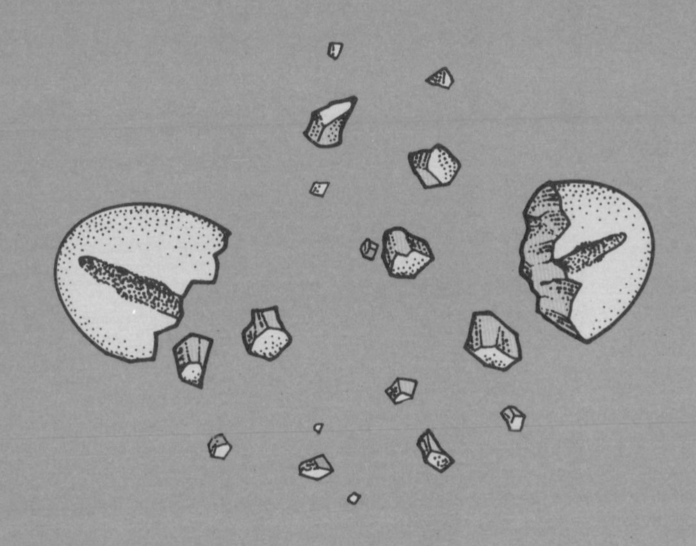

咖啡的分子构成

我们这么喜欢咖啡的众多原因之一，就是人类和咖啡的生物化学在分子层面上有一种共鸣。咖啡中含有很多可以让人兴奋的成分，这是这些成分与大脑中的腺苷受体相互作用的结果。腺苷受体在能量传递中起着重要作用。

当你醒着的时候，大脑中的神经元会不断地放电，这种放电的副产品是腺苷。这是一种生化化合物，是中枢神经系统的神经调节剂。你的神经系统受体会不断监测你的腺苷水平，当这一水平变得太高时，大脑会减慢神经活动，扩张血管，这会让你感到困倦或渴望休息。

咖啡因具有与腺苷类似的分子结构，尤其是两个氮环。这种结构的相似性意味着咖啡因可以与人类神经系统的腺苷受体结合，同时不必激活它们。这可以有效地阻断受体检测腺苷的水平，因此，即使你的腺苷水平升高，也会让你保持精神集中的状态。

分子结构

咖啡因

$C_8H_{10}N_4O_2$

腺苷

$C_{10}H_{16}N_5O_{13}P_3$

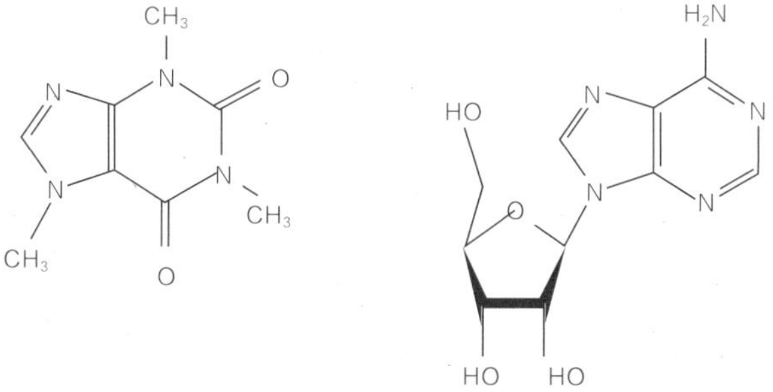

了解咖啡因

纯咖啡因是一种白色、味苦、无气味的粉末，这是一种有机化学物质，一种嘌呤生物碱。它出现在几种制作饮料的植物中（包括可可、茶、耶巴马黛茶和瓜拉纳）。它能对一些昆虫起到杀虫剂的作用，同时可以强化其他昆虫的记忆，这有助于增加传粉昆虫返回的概率。

一项研究表明，在摄入咖啡因后，蜜蜂记住花香的概率是其他蜜蜂的三倍，这有助于确保蜜蜂返回，从而确保植物的繁殖成功。在人类中，咖啡因具有温和的利尿性，对神经系统、循环系统和呼吸系统也可以起到温和的刺激作用。

一旦咖啡因被人体摄入，就会通过胃肠道被吸收，并在人体内停留4～6个小时。当它到达肝脏时，就会被代谢成三种化合物。大部分转化成**副黄嘌呤**（paraxanthine），它可以加速血液中油脂的分解；少量变成**可可碱**（theobromine），它可以扩张血管，增加尿量；更少一部分会变成**茶碱**（theophylline），它可放松平滑肌（出现在消化道和呼吸系统中）。人体摄入咖啡因的结果是心率加快，肌肉流入更多血液，而皮肤和器官流入的血液减少，同时肝脏释放糖原。因为咖啡因是脂溶性和水溶性的，所以很容易通过血脑屏障（为了保护相对独立的大脑组织，人类在进化过程中在脑和身体之间形成的天然屏障。除氧气、二氧化碳和葡萄糖等必需品，绝大多数物质都无法透过这层屏障。——译者注）。

咖啡因可以促进肾上腺素（adrenaline）的产生，并增加神经递质的水平，如多巴胺（dopamine）、5-羟色胺（serotonin,）和乙酰胆碱（acetylcholine），除了其他作用外，这些都会影响情绪变化。咖啡因与肾上腺素的作用方式类似，会增加呼吸的次数及心率，导致短暂的能量爆发。也许咖啡受欢迎的主要原因之一就是可以提高大脑的灵敏度，同时几乎没有副作用。

测试表明，咖啡因对健康有许多益处。它可以促进新陈代谢、增加肌肉力量，还能够降低罹患糖尿病、癌症和心脏病的风险，还对健康有很多其他积极影响。它是一种被广泛消耗的兴奋剂，幸运的是，研究表明它不会导致上瘾，因为它不激活

咖啡因代谢物

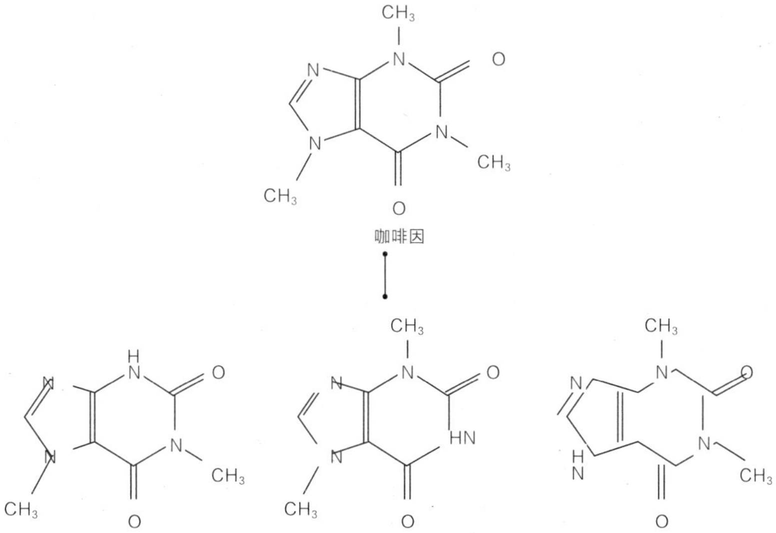

副黄嘌呤　　可可碱　　茶碱

大脑中的奖赏回路。

虽然咖啡因不会使人上瘾，但是那些每天喝四、五杯以上的人会在身体上产生轻微的依赖。当突然停止喝咖啡时，可能伴有戒断症状，如头痛、疲劳，易怒或焦虑，不过这些症状通常在几天内就可以缓解。如果咖啡的消耗量逐渐减少，而不是突然停止，基本可以避免这些影响。

生咖啡与烘焙咖啡的在化学成分上有着本质上的不同，这是因为咖啡豆在加工和烘焙过程中发生了根本性的变化。同时，咖啡豆的化学成分也会受到其种类、地理位置、土壤条件、气候和其他环境因素的影响。

不过，无论对于烘焙咖啡豆还是生咖啡豆来说，它们的基本成分是大体相同的。主要区别在于这些成分在咖啡豆中的含量。咖啡豆的成分包括水、氨基酸、糖、碳水化合物、纤维素、蛋白质、有机酸（如绿原酸）、矿物质、脂类、咖啡因和葫芦巴碱（trigonelline），后者是一种生物碱，咖啡中苦味的主要来源。目前咖啡豆中已经确认的成分超过了800种，其中很多成分为咖啡提供了口感、香气和/或保健功效。

酚类与抗氧化剂

咖啡因是咖啡豆中最为人们所熟悉的成分，其实，咖啡豆还含有其他同等重要的成分，比如酚酸（phenolic acids），它有较高的抗氧化性。在西方饮食中，这些抗氧化剂是摄取多酚的众多来源之一，其成分与在浆果中找到的相似，此外还包括类黄酮和木酚素。

生咖啡中最常见的酚类是绿原酸，负责其中的大部分抗氧化活动。在咖啡豆的烘焙过程中，大部分绿原酸被破坏了，只有20%的成分能够保留下来。尽管如此，化验结果表明，烘焙咖啡豆相比加工之前含有更丰富的抗氧化成分。既然生咖啡豆中最强有力的抗氧化来源在烘焙过程中大部分已被破坏，这种结果是怎样产生的呢?

烘焙使得咖啡豆经历了一系列结构性变化，合成了各种各样的化合物，包括类黑精（melanoidins），这是一种强抗氧化剂。科学家对类黑精怀有极大的兴趣，因为它包含极强的抗氧化剂、抗真菌剂、抗菌剂、抗炎剂，还能够降低血压。在烘焙过程中，各种抗氧化剂的合成一部分源自美拉德反应（Maillard reaction）——糖类与氨基酸产生的化学反应，其结果是在很多食物烹调过程中产生我们所熟悉的褐变。这一反应是烹调中最重要的步骤，它产生了很多改变口感的新成分，对食物最终的口感产生了极大的影响。

测试结果表明，罗布斯塔生咖啡豆相比阿拉比卡含有更高的抗氧化成分。不过，这些抗氧化成分在烘焙过程中易受破坏，在加工后的成品中，阿拉比卡豆含有最高的抗氧化成分。其他因素也会影响抗氧化成分。研究表明，地理位置、咖啡豆的种类以及土壤条件都在决定这一成分的多少中扮演着重要的角色。例如，在墨西哥和印度种植的阿拉比卡咖啡豆比在中国种植的相同植物中含有更多的绿原酸。

研究人员已经很好地证明了多酚和酚类能够增加血浆的抗氧化能力，这可以保护人类细胞免受氧化作用的侵袭，从而减少退行性疾病的发生。

烘焙后的阿拉比卡咖啡

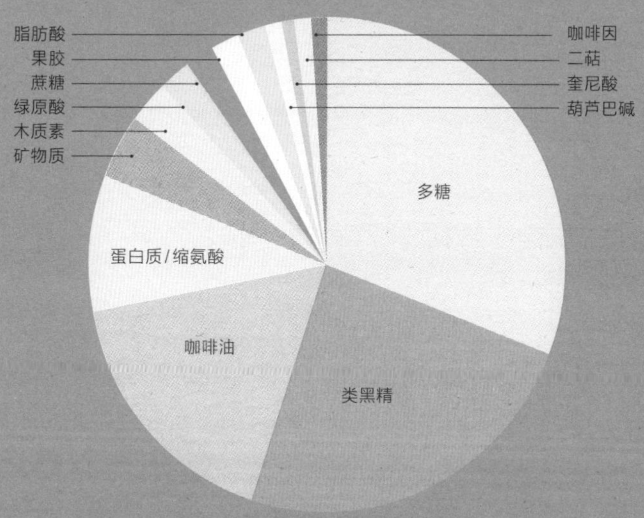

未烘焙的阿拉比卡

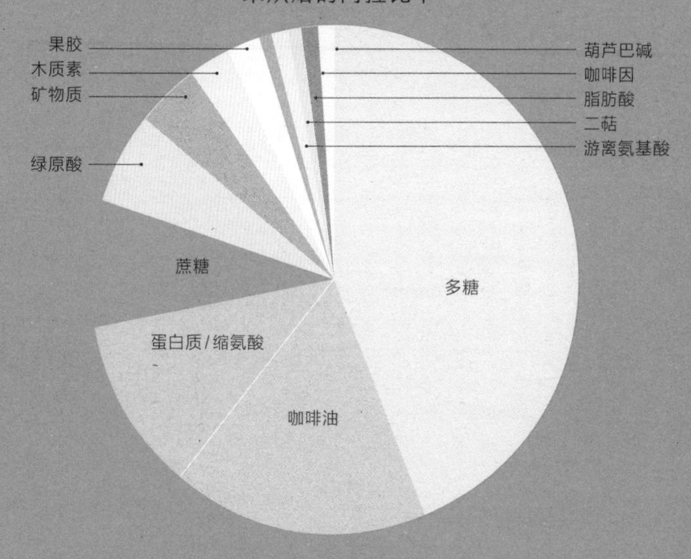

咖啡中成分示意图改编自：Emerging Health Effects and Disease Prevention (2012, Oxford, John Wiley & Sons)

烘焙后的罗布斯塔

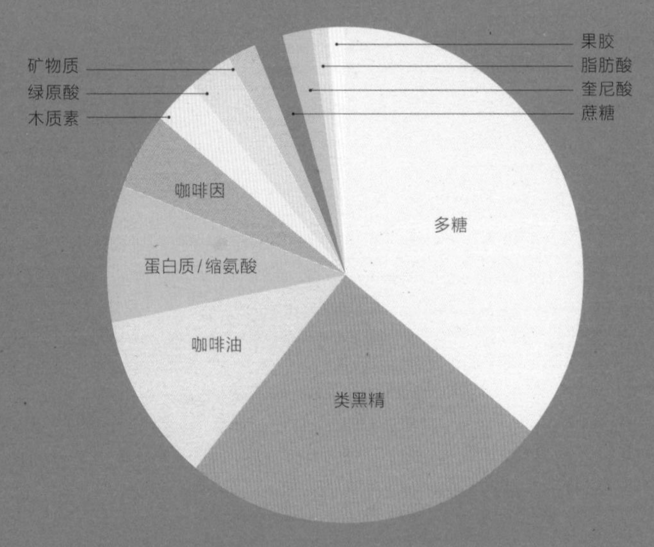

未烘焙的罗布斯塔

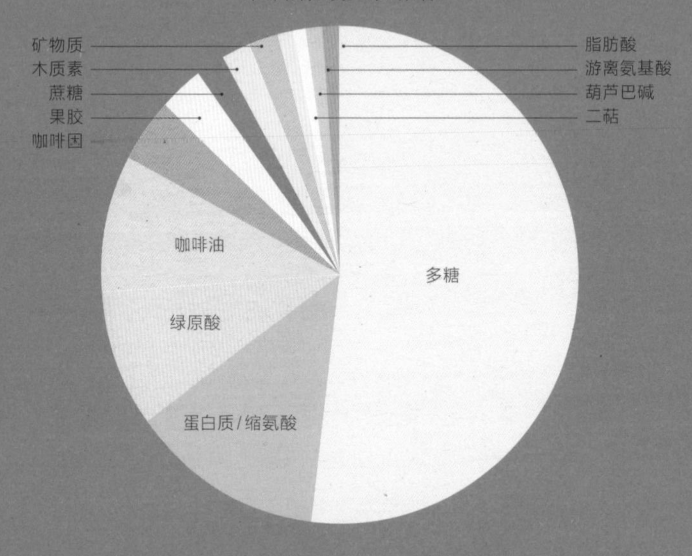

脂类

脂类是一种有机化合物，包含脂肪和油脂等，对咖啡的质量起到至关重要的作用。这些脂类主要由三酰甘油（triacylglycerols）、甾醇（sterols）和生育酚（tocopherols，维生素E）组成，它们都具有独特的性质。二萜（diterpenes）是脂肪酸，二萜类化合物所包含的脂类占比高达20%，它们很难被分类，因为研究表明食用它们会对健康同时产生积极和消极的影响。在未过滤的啤酒中，咖啡酚（cafestol）和卡维醇（kahweol）是两种含量最多的二萜类物质，它们已被证明能提高人体的血清胆固醇。滤纸可以阻挡大部分这些化合物，因此，可以说那些患有心血管疾病风险的人应该适量饮用未过滤的咖啡，或者说他们应该坚持饮用过滤咖啡。另一方面，有些研究表明咖啡因和卡维醇可以减少某些致癌物。

如果咖啡储存在理想温度以上，大部分脂肪酸化合物都可以被分解，从而给咖啡带来异味，但由于脂类具有高熔点，因此在烘焙过程中基本可以被完整地保存下来。然而，冲泡方法会在不同程度上降低脂类的含量，过滤也会损失掉大量的脂质。研究表明，过滤冲泡的方法只能保留7毫克的脂质，而在煮沸和浓缩咖啡的过程中，每150毫升咖啡可保留60～160毫克。这些脂肪酸化合物能极大影响咖啡风味，这就解释了为什么过滤咖啡与未过滤咖啡相比口感不同。阿拉比卡的脂肪含量几乎是罗布斯塔的两倍，难怪用阿拉比卡制作的咖啡品质更优良。

酸类

烘焙过的咖啡豆中含有30多种不同的有机酸，每一种酸对风味或抗氧化剂含量都产生了不同程度的影响。绿原酸可能是其中最重要的成分，在酸含量中占有很大比例，并提供了咖啡中大部分的抗氧化成分。在烘焙咖啡豆时，约一半的绿原酸在产生奎宁酸（quinic acid）和咖啡酸（caffeic acid）时被破坏。奎宁酸对咖啡的品质和风味很重要，在美拉德反应中形成有色化合物（见第43页）和类黑精，后者是一种有效的抗氧化剂。奎尼酸也有助于产生苦味和涩味，而咖啡酸是一种活性抗氧化剂，同样存在于葡萄酒中。

酸度决定了咖啡的风味。咖啡中酸类的平衡决定了咖啡的味道，如果平衡得当，咖啡就不会平淡无味（见第44页）。

生物碱

葫芦巴碱是一种带有苦味的生物碱，存在于生咖啡豆和烘焙咖啡豆中，它对香气、风味和口味起到很大作用（见第44页），同时也能给健康带来不少益处。在烘焙过程中，葫芦巴碱会变质，产生许多化合物，包括烟酸（nicotinic acid），它也被称为维生素B_3。一杯咖啡包含1～3毫克烟酸。美国国家健康研究所(U.S. National Institute of Health，NIH)建议根据不同性别和年龄，每人每天摄入12～16毫克的烟酸。

矿物质

咖啡含有钾、磷、镁、锰和约30种微量元素。然而，我们不应该将它作为主要的矿物质来源，因为其含量根据咖啡豆种类和生长条件差别很大。

风味、口感和香气

人们已经在小小的咖啡豆中鉴别出上千种化合物，而确切的数量几乎每年都在变化。虽然这些豆子看起来很不起眼，但它们的化学组成却出人意料的复杂。

咖啡最终产品的化学成分在很大程度上取决于所采用的烘焙方式。在烘焙过程中，碳水化合物和脂肪转化为芳香油，分解或生成各种酸类物质。这些变化和更多的化学反应决定了咖啡的最终香气、风味和味道。在烘焙过程中，主要发生了两个反应，形成了咖啡中大多数风味和香气。

美拉德反应

正如前面所提到的，美拉德反应发生在烘焙和其他烹饪过程中，它涉及氨基酸和单糖在分子反应中的重新排列或分解，从而增强、增加和确定风味。

斯特雷克降解反应

斯特雷克降解反应（Strecker degradation）是一种化学反应，也涉及氨基酸，但在这种情况下是与羰基化合物结合，产生重要的影响风味的化合物，酮类和醛类。与美拉德反应一样，这些反应主要是在焙烧过程中发生。

咖啡豆中所含的许多化学物质在某种程度上都会影响风味，但已知的某些化学物质提供了大部分的风味和香味，详见下文。

酸度

虽然许多食物中的酸度通常与酸味有关，但咖啡中的酸度则会在多方面影响咖啡的味道。不同的酸含量会产生不同的风味，如果这些味道很均衡，就会呈现复杂、爽口的复合风味，使咖啡更有滋味。咖啡的酸中占比最大的是绿原酸，第二多的是柠檬酸，少量到中等量的柠檬酸（citric acid）可以提升咖啡的味道，但含量较高时，酸度则不太理想。苹果酸（malic）、乙酸（acetic）和磷酸（phosphoric acid）也很重要。苹果酸散发出苹果的果香，乙酸使冲泡后的咖啡呈现出明显的葡萄酒味道，磷酸不会增加任何风味，只会产生泡沫和增加酸味。

酮类和醛类

根据咖啡渣的质谱分析，在烘焙过程中由氧气和碳水化合物相互作用形成的酮类制造了21.5%的咖啡香气，醛类则是50.7%。

在生咖啡和烘焙咖啡中都含有几十种不同类型的酮和醛，其中的每一种成分都提供了独特的风味和香味，有些是花香、甜味、水果味或蜂蜜味，而另一些是苦味、坚果味或刺激性的味道。与之类似，人们把各种酮的味道形容为黄油味、辛辣味、草本味、水果味或薄荷味等。酮和醛的芳香是最细微的，但也是最易挥发的。

葫芦巴碱

咖啡豆中的葫芦巴碱是一种生物碱，在烘焙过程中会分解，产生对人体健康至关重要的维生素 B_3，在这个过程中也会产生挥发性芳香化合物，如吡咯（pyrrols）、吡啶（pyridines）和吡嗪（pyrazines）。这些化合物产生了大量的咖啡香气，因此葫芦巴碱直接为咖啡提供了风味。葫芦巴碱是一种带有苦味的化合物，烘焙咖啡豆的过程越长，它的含量减少得越明显。吡咯类化合物往往会带来令人不快的味道，如泥土味、发霉的味道、蘑菇的味道，也会产生像焦糖一样的香味；吡啶的味道通常比较刺激，会散发出坚果味、焦味或涩味，但有时会带有花香；吡嗪作为咖啡中第二类最普遍的芳香化合物，会散发吐司、坚果或谷物的味道。

蔗糖

蔗糖是咖啡中最常见的糖，但大部分在烘焙过程中被破坏。蔗糖等碳水化合物是美拉德反应所必不可少的，同时也是形成焦糖化的基础——使糖变褐的过程——这是咖啡风味和香味的主要来源之一。呋喃（furans）是糖热解（有机化合物在极高温度下发生的分解）的产物，如蔗糖和多糖，其味道包括甜味、坚果味、焦糖味或烧烤味。焦糖化保留了甜味，增加了风味和香气，同时还略带苦味。

杯测法

尽管有成百上千种不同的成分无法在这里详细描述，但在确定了构成咖啡风味和香味特征的关键因素之后，在实践中是怎样准确地分析这些香味和香味呢？

杯测法是一种用来准确评估各种咖啡豆的风味、味道和香气的方法，以便烘焙师和咖啡专家能够判断它们的优点并做出是否购买的决定。这是判断特定咖啡豆整体情况的最好方法，不必区分冲泡过程带来的风味、香味和口感的差别。咖啡豆之间的差异通常较小，因此在条件一致的情况下将咖啡豆并排放置并品尝就显得很重要，它能确保杯子中的任何差异都来自咖啡豆。

一系列严格的程序会确保杯测法结果的一致。人们通常会使用容量为6～9盎司的杯，在⅔杯（150ml）水中加入7～8克的咖啡。各种咖啡样品经过轻微烘焙，然后粗略研磨，类似于用法压壶冲泡咖啡时所采用的研磨程度。咖啡应在杯测前的24小时内烘焙，但烘焙后至少需要放置8小时。一旦咖啡豆达到室温，它们就须放入密封的容器中储存，减少与空气接触。咖啡应该在杯测之前磨碎，并在杯测之前放置不超过15分钟。

杯测法所使用的水应该洁净、新鲜。水要加热到93℃～95℃，然后将咖啡浸泡到热水中3～5分钟。咖啡渣会浮到水面，形成一层皮，让咖啡的香味保留在杯子里。咖啡浸泡完毕后，要用干净的勺子把这层皮弄碎。然后将鼻子靠近杯子，立即吸入香气，评估和分析它们的各种特性。

杯测法的下一阶段是品尝。首先应该把咖啡渣从顶部舀出去。虽然与品尝葡萄酒的方法不同，但咖啡品尝的分析与葡萄酒品尝一样深入彻底。舀取一勺咖啡，在吸气的同时一边发出声音一边将咖啡喝下去，这样就能完整体验味道和香味。用一杯清水将勺子冲洗干净，然后以同样的方式品尝下一个样品。在使用杯测法时很重要的一点是，要去比较香气、醇度、甜度、回味、平衡、酸度以及特定咖啡豆的某些其他特征。在品尝之后，还要查看烘焙咖啡豆的整体状态，评估它的外观；通常人们会将咖啡豆隐藏起来直到杯测完毕，这样视觉判断才不会影响对味道的判断。

不含咖啡因的咖啡

尽管咖啡因的存在无可否认地促进了咖啡消费，但正如前面所详述的，咖啡中还有许多其他可利用的（容易代谢的）化合物，这些化合物对健康有益。

总的来说，对于需要避免摄入咖啡因的咖啡爱好者来说，脱因咖啡是最理想的解决方案，这之中包括对咖啡因高度敏感的人，或者在某些情况下应该避免摄入咖啡因的人。咖啡因可能造成的负面影响包括失眠、不安、紧张、焦虑、心率和呼吸增加，以及肌肉震颤。虽然有些人很喜欢在饭后喝咖啡，而且不会产生睡眠问题，但在睡前喝咖啡会使许多人在咖啡因的作用下失眠。饮用不含咖啡因的咖啡不仅可以享受咖啡，还不会影响睡眠。

脱咖啡因的方法主要有四种，其中两种使用的是溶剂，一种是用二氧化碳，另一种是用水。不过，这四种方法的基本过程皆有相似之处。

溶剂法

直接方法是先将咖啡豆蒸30分钟，然后用乙酸乙酯或二氯甲烷等液体溶剂反复冲洗几个小时，在此过程中，溶剂选择性地与咖啡因分子结合。然后，将咖啡豆取出再蒸一次，以除去残留的溶剂和咖啡因。

间接方法是先将豆子浸泡在热水中几个小时。这不仅可以除去咖啡因，还会除去油类和风味。然后工人会将豆子从水中

溶剂脱因法

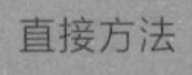

直接方法

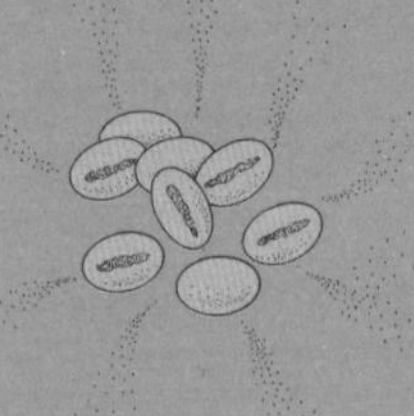

蒸咖啡豆

添加溶剂

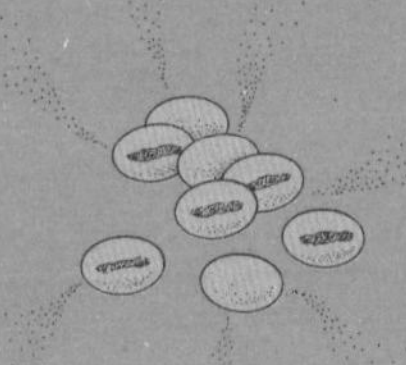

再次蒸豆

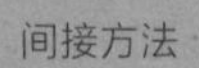

间接方法

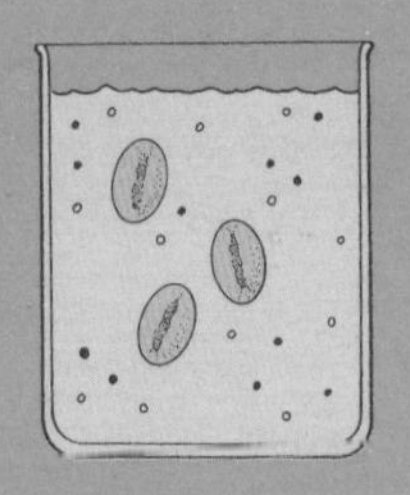

浸泡咖啡豆

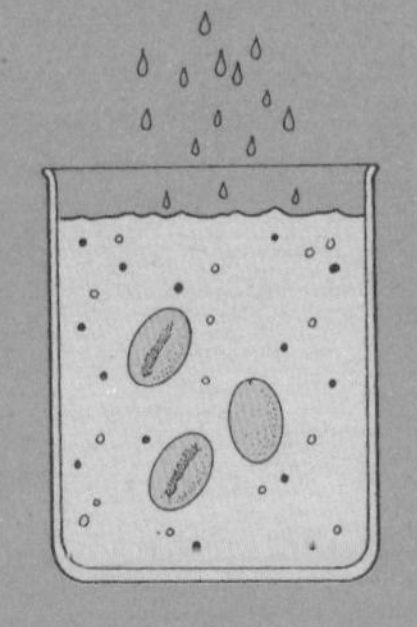

添加溶剂

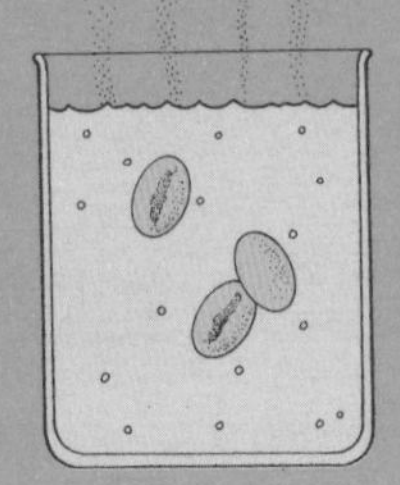

溶剂与咖啡因蒸发

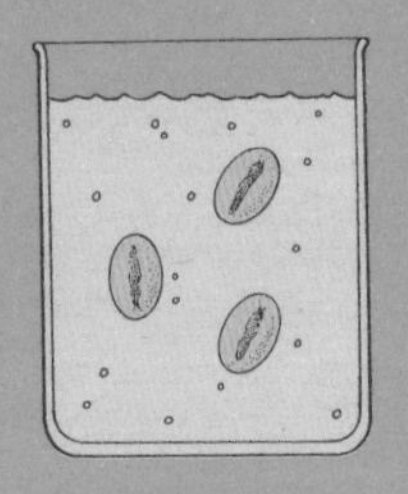

在水中加入新咖啡豆

分离出来，将溶剂加入水中与咖啡因结合。含有溶剂的溶液经过加热，溶剂和咖啡因会一起蒸发。剩余的水会用于加工下一批咖啡豆，咖啡豆和水此时具有同样的咖啡油与香味的平衡。浸泡过程只从咖啡豆中除去咖啡因，在这一过程中咖啡因再次被溶剂萃取。在这两种溶剂法中，处理后的豆子会被干燥，回到理想的水分含量，后续与普通的含咖啡因的咖啡以相同的方式加工。

二氧化碳法

首先，用热水浸泡咖啡豆，以便打开它们的毛孔并激活咖啡因分子。然后将二氧化碳加入水中，产生起泡的水。二氧化碳会吸引被激活的咖啡因分子，将它们从咖啡豆中除去。这种方法需要较高的设备成本，因此在处理大批量咖啡豆时通常不会采用这种方法。

瑞士水法

20世纪80年代，瑞士科学家发明了一种不用任何溶剂或其他附加产品就能从咖啡豆中除去大部分咖啡因的方法。这种方法在商业上证明是可行的，所以它可以用于大规模的脱因咖啡生产。

这种方法在开始时同样要将咖啡豆浸泡在热水中几个小时，在这个过程中咖啡因被浸出，但同时咖啡豆的其他重要成分也被浸出，例如油类和风味分子，因此这些成分需要从水中

脱因方法

二氧化碳法

浸泡咖啡豆

加入二氧化碳

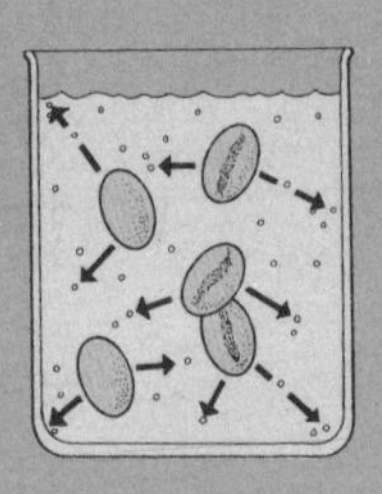
二氧化碳吸引咖啡因

瑞士水法

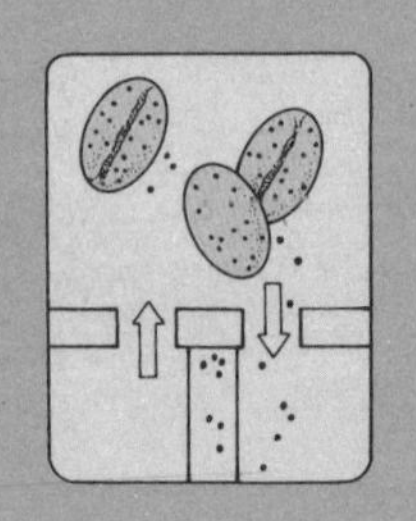
浸泡咖啡豆，浸出咖啡因

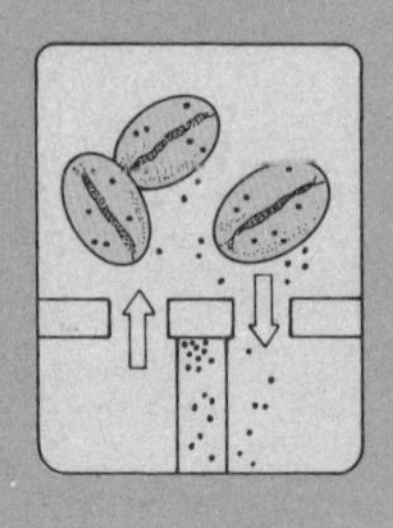
水流过活性炭过滤器

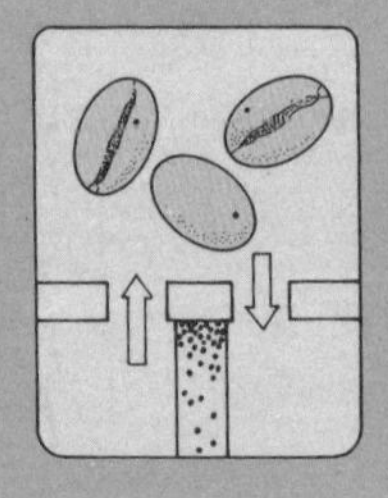
咖啡豆回到水中

重新吸收，同时要除去咖啡因。为了达到这一点，水通过活性炭过滤器，其孔径被设计成可以捕获较大咖啡因分子的大小，同时允许较小的风味分子通过并留在水中。然后，在继续加工之前，咖啡豆会返回过滤后的水中，重新吸收风味分子。

这种脱咖啡因的方法比较昂贵，因为咖啡因不能从碳过滤器中回收。这与溶剂法不同，溶剂法可以提取咖啡因并将其出售给生产保健食品、膳食补充剂和软饮料的公司。这部分收入可以抵消脱咖啡因的成本。

牛奶的作用

冰凉的液态牛奶是如何通过蒸汽棒变成充满泡沫的奶油状的？简单来说，在加热过程中，牛奶中所含的蛋白质和脂类的性质发生了改变，使它们结合在一起。这样就形成了一个网络，可以捕捉蒸汽棒引入的气泡，从而产生了世界各地人们所享用的浓缩咖啡中的泡沫牛奶。

在咖啡中添加牛奶可以显著改变咖啡的营养成分，还可以抵消咖啡可能对人体健康造成的一些负面影响，例如饮用含咖啡因的饮料可能增加骨质疏松的风险。研究表明，绝经后的妇女每天喝两杯带有牛奶的咖啡可以防止骨密度降低。而另一项研究却显示，牛奶会损害咖啡中多酚和抗氧化剂的吸收，影响绿原酸及其代谢物的生物利用。不过，就牛奶本身而言，可以给健康带来诸多益处，因为它是完整的蛋白质和其他优质营养素的膳食来源，如钙和B族维生素。

关于牛奶的风味和发泡能力以及牛奶与咖啡如何相互作用，有三种成分扮演着重要角色。

脂肪

脂肪是牛奶中的重要组成部分，可以赋予牛奶圆润的口感。用脂肪含量较高的牛奶能制作出更浓郁、更丝滑的饮品。在购买牛奶时，可以选择不同的乳脂含量。从脂肪含量少于0.2%的无脂牛奶（也称为脱脂牛奶），到分别含有约1%和2%脂肪的低脂或减脂牛奶，再到含有3.25%～3.5%脂肪的全脂牛奶，种类丰富。低脂牛奶会产生更多的泡沫，因为其中与脂肪竞争的蛋白质含量较少。然而，一旦脂肪含量高于全脂牛奶中脂肪的占比，例如，如果牛奶占到饮品的一半比例，其中就含有10%～18%的脂肪，发泡的能力就会再次提升。这就解释了为什么奶油中的脂肪含量越高，打发越容易。

蛋白质

牛奶中的蛋白质主要负责起泡。当牛奶加热到60℃以上时，这些蛋白质发生变性，包覆并稳定由蒸汽棒产生的气泡。

乳糖

乳糖可以赋予牛奶甜味。因为乳糖比蔗糖难溶解，所以它似乎不那么甜，但牛奶经过加热后会增加它的溶解度，使糖分解，从而增加牛奶的甜度。

非乳制品在咖啡中经常会产生不可预知的反应。用于生产豆奶和坚果牛奶的提取方法会导致脂类含量降低，而脂类是保持液体中的气泡所必需的。如果在非乳制品中加入热咖啡，那么咖啡中的酸会使其中的蛋白质凝结。虽然许多非乳制品现在都含有稳定剂来降低这种风险，但更明智的做法是在加入咖啡之前先将自制的或者商店购买的非乳制品加热，或者在混合前让咖啡稍微冷却。许多方法可以防止这些饮品凝结，例如不要将其加热到过高温度，或在搅拌时向饮品中加入咖啡，而不是向咖啡中加入饮品。

如何打发奶泡

1 首先，直接从冰箱拿出你选择的带有特定脂肪含量的牛奶，牛奶一定要是冷却的。要确保牛奶是新鲜的，牛奶放置的时间越长，打出合适的泡沫就越困难。把牛奶倒进奶缸，直到倾倒口的底部，这样奶缸中就有足够的空间用来打发奶泡而不会溢出。

2 将蒸汽棒放入牛奶表面下方一点，角度微微倾斜，使牛奶打圈转动，形成漩涡。这就是所谓的“拉伸”牛奶，通过让空气缓缓进入牛奶，产生微小的泡沫（空气泡沫和柔和的泡沫）。这个过程会发出嘶嘶声。把手放在奶缸外侧，当牛奶基本达到体温时，就可以停止引入空气了。这时要改变蒸汽棒的位置，把它移到奶缸稍深一点的位置。这会增加牛奶的质感，在不引入更多空气的情况下提高温度。

3 继续以漩涡状打发牛奶，但此时的蒸汽棒要处于稍微深一点的位置，不应该再出现嘶嘶声。让牛奶正确起泡的关键是稍微倾斜奶缸，使牛奶增加质感，直到奶缸变得很热，摸起来很烫手为止，温度大约为60℃。

4 当牛奶被加热并打出泡沫时，用奶缸轻敲桌面，让较大的气泡破裂。如果要做浓缩咖啡时，将牛奶放置一会儿。准备倒牛奶时，让牛奶围绕奶缸旋转，确保气泡均匀分布。如果有较大的气泡残留，再次在桌子轻敲奶缸。牛奶应该是光滑、有光泽的，就像湿油漆一样。

打发奶泡

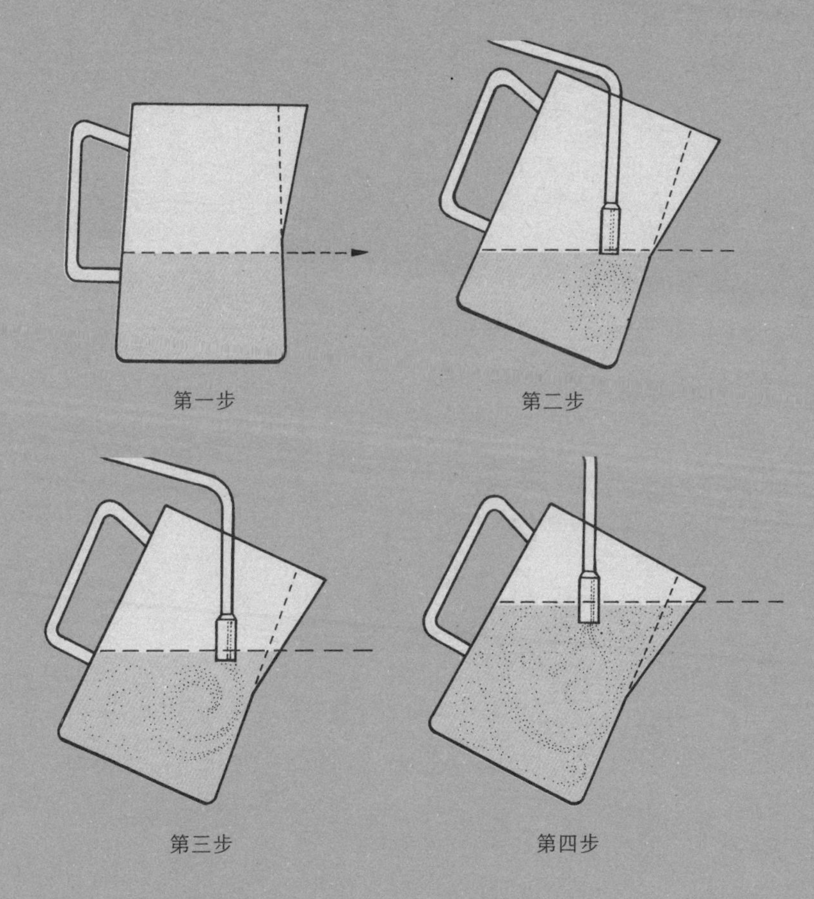

牛奶越热，在某种程度上就越甜。乳糖（牛奶中负责甜味的部分）的甜度比普通糖低5倍。加热牛奶会增加乳糖的溶解度，从而增加能品尝到的甜味。牛奶要加热到58℃～60℃。如果超过这个温度范围，牛奶中的蛋白质就会变性，产生质量较低的泡沫。

马修·佩尔格
世界冠军咖啡师，圣阿里与感官实验室，澳大利亚

第三章

烘焙与研磨

烘焙与研磨生咖啡豆

加工后的新鲜咖啡豆在出口时多是未烘焙的状态，因为相比烘焙后的咖啡豆，它们更不易变质，但环境和其他因素都会容易影响最终咖啡产品的质量。

生咖啡豆如果存放在凉爽干燥的地方，则会保持相当稳定的状态，12个月或更长时间都不会变质。理想情况下，咖啡豆在加工的最后阶段应该达到10%～12%的含水量，并维持到烘焙开始之前，但如果储存条件低于理想的温度和湿度，常常会导致咖啡豆吸收水分或过干干燥，进而质量下降。储存生咖啡豆的最适宜温度因来源不同而有很大差异，但大多数人认为生咖啡豆应保持在相对凉爽的条件下，介于20℃～25℃。

在运输过程中，特别是海运过程中，咖啡豆会因温度和空气湿度巨大波动而导致冷凝。冷凝是咖啡出口商的一个主要敌人，因为它可能导致霉菌的生长和咖啡风味的破坏，最糟糕的是对整批货物造成不可弥补的损害。即使它们在加工过程中被干燥到适宜的湿度水平（低于12%），不利的环境条件仍然可以使生咖啡豆吸收足够的水分，让霉菌生长。

相比之下，经过烘焙的咖啡豆要脆弱得多。在仅仅烘焙两周后，就会开始产生不新鲜的味道，这是咖啡豆中脂类的氧化带来的。为了获得最佳的风味和新鲜度，烘焙咖啡应在这个过程开始之前食用，并且应该避免与空气、湿气、高温和光接触。

大多数人认为生咖啡豆在烘焙之前的味道是比较差的，但是，长期以来不同的文化一直以各自的方式冲泡或使用生咖啡豆。

生咖啡豆是获得绿原酸的最佳的饮食来源之一。研究表明，这些绿原酸的生物利用度也是很高的，换言之，它们很容易被人体代谢。因此，生咖啡提取物被广泛用于功能食品——各种营养产品和膳食补充剂，旨在促进健康。生咖啡豆目前被吹捧为有治疗心脏病或辅助减肥等功效，虽然这些豆子可能并不完全像它们宣称得那样是“神药”，但它们已被证明能够为健康提供某些益处。

一些人体研究表明，生咖啡豆提取物可以降低高血压。其他人体和动物研究表明，生咖啡豆提取物有望帮助对抗超重和糖尿病。某些试验表明，生咖啡豆提取物可以辅助减轻轻度肥胖的成年人的体重，并帮助超重成年人预防肥胖。其他试验表明喝咖啡可以降低患2型糖尿病的风险。虽然这些说法还需要通过深入研究来证实，但不能否认地是，在咖啡豆中发现的潜在有益的化学物质和化合物在未烘焙状态下的浓度较高。

如何发现瑕疵

我们可以买生咖啡豆，然后在家里烘焙，这样就可以制作出适合自己口味和要求的咖啡。但是，为了确保可以从高质量的产品着手制作咖啡，就需要知道如何识别未烘焙的咖啡豆中的缺陷。

由于在生长、收获或加工的各个阶段中可能出现的问题，我们在生咖啡豆中会发现许多缺陷。下面将详细介绍一些重要的内容。

全部/部分黑色：正如这个术语所表示的，这些咖啡都是黑色的，并且不透明，它们散发出的味道包括腐烂水果的味道、酸味、霉味或肮脏的味道。如果超过一半的豆子受到影响，它们就会被分类为全黑色；如果低于一半的豆子受到影响，它们就会被分类为部分黑色。这种缺陷是由于果实过熟或加工条件不达标而产生的过度发酵导致的。

全部/部分发酸：这些豆是淡黄色、红色或棕色的，味道呈现出醋一般的酸味。如果超过一半的豆子受到影响，则将其归类为全酸；如果低于一半的豆子受到影响，则将其归类为部分酸。这是咖啡豆最糟糕的缺陷之一，因为酸味会污染整个咖啡壶。

臭味：这些豆子会发出腐臭的气味，多源自细菌或霉菌污染，可能由过度发酵引起。这些咖啡豆有可能会污染整批咖啡豆，导致大量“健康”的咖啡的毁坏。不幸的是，这种有缺陷的咖啡豆是最难检测出来的种类之一，因为通常它们在外表上看起来很正常。

枝条/石子：当一批生咖啡豆被发现含有大型或中型异物，如枝条或石头时，这批咖啡豆就是存在缺陷。

豆荚/“樱桃”：如果一颗咖啡豆带着果肉或“樱桃”进入最后阶段，这个批次被认为是有缺陷的。这可能是由于机器维护或调整不当造成的。

羊皮纸：类似地，维护或调整不当的机器可能导致羊皮纸层仍然附着在加工后的咖啡豆上。

外壳：维护或调整不当的机器可能导致干燥的果浆仍然附着在加工后的咖啡豆上。

虫害：咖啡豆上有虫子钻进果实的痕迹或洞，表明它们在咖啡豆中产卵并发育成幼虫。这些受影响的咖啡豆会产生肮脏、发霉或发酸的味道。

干枯：带有皱纹，像葡萄干一样的小咖啡豆是果实发育过程中缺水的结果。当这些咖啡豆大量存在时，它们会散发出青草的味道，在烘焙时不会像其他豆那样变暗。

分级

虽然有许多国家遵照美国精品咖啡协会生阿拉比卡咖啡分类系统（SCAA，GACCS）所详述的标准来对咖啡豆进行分级和分类，但实际上世界范围内并没有一个普遍适用的生咖啡分级和分类系统。上述的标准考虑到了咖啡饮品和有缺陷的咖啡豆之间的相关性，但是，真正需要考虑的因素还有很多，所以它还不是一个完美的系统。

尽管不同的国家有不同的分级标准，但在确定咖啡豆等级时，大多数都会考虑到以下几个方面：豆类的植物种类、生长的区域和海拔、加工方法、大小、形状、颜色、密度、缺陷和饮品质量。

烘焙

烘焙是咖啡生产过程的重要组成部分，它大大增加了咖啡豆的化学复杂性，从而展现它们的香气和味道。

在高温烘焙过程中，发生了许多化学反应。如美拉德反应中，芳香分子化合物通过氨基酸、糖、肽和蛋白质的结合或破坏而发生变化，从而使咖啡具有其主要的风味。生咖啡大约含有250种芳香分子化合物，但通过烘焙，数量可以增加到800多种。

烘焙效果

在烘焙过程中，咖啡豆经历了剧烈的颜色变化。从一种特殊的绿色开始，第一种颜色变化是随着水蒸气的挥发而颜色变浅。当咖啡豆的温度升高，即将产生第一次爆裂时，绿色变淡为黄色。随着烘焙产生的最初的芳香开始形成，黄色开始变为棕色。当咖啡豆的棕色变得越来越深时，它开始微微膨胀。这时便产生了美拉德反应。咖啡豆变成浅棕色的阶段导致第一次爆裂，颜色仍然不均匀，羊皮纸内部的银皮（废料）明显减少。

第一次爆裂后，豆子已经膨胀，颜色开始变暗。在这个阶段咖啡豆的颜色是适中的棕色。伴着即将发生的第二次爆裂，咖啡豆的颜色会继续变暗。当第二次爆裂即将发生时，咖啡油释放出来，豆子表面开始出现轻微的油光。在这一阶段，咖啡豆会散发出明显的烘焙的香味，颜色也更深。

继续下去，咖啡豆进入深度烘焙阶段，此时所有的糖焦糖化，碳味或灰味开始出现，咖啡豆的许多细微的风味会在这个阶段消失。

美拉德反应

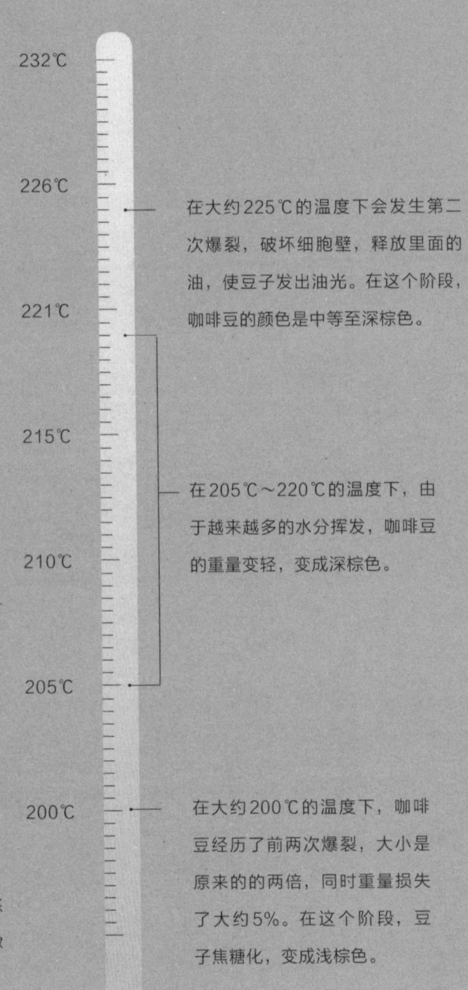

随着温度升高，咖啡豆的烘焙阶段开始，它们闻起来像爆米花，颜色慢慢变黄。

欧式烘焙及第三次咖啡浪潮

在传统的欧式烘焙中，烘焙的过程会在第一次爆裂结束至第二次爆裂中的某一点暂停，这取决于咖啡口味。阿拉比卡和罗布斯塔需要不同的烘焙时间，烘焙时间越长，风味越强烈。

第三次咖啡浪潮（The Third Wave Coffee movement）一直在尝试新的烘焙方法，一种与传统欧洲烘焙截然不同的风格。设备和实际的烘焙过程并没有太大的不同，仅是第三次咖啡浪潮的烘焙者烘焙咖啡豆的程度使它与众不同。

“第二次咖啡浪潮”这个词是在新千年之交时被创造出来的，那是在20世纪90年代美国开始出现第一批手工咖啡吧后不久，“第一次”咖啡浪潮指的是咖啡的出现以及速溶咖啡第一次走进世界各地的千家万户，“第二次”指的是制作意大利浓缩咖啡的咖啡机被广泛应用，以及星巴克等全球咖啡巨头的扩张。第三次咖啡浪潮是一种现代理想，旨在使咖啡生产和消费与手工食品运动匹配，重点是为那些看重咖啡豆本身优点的人提供高质量的手工咖啡，而不仅仅是作为一种咖啡因输送系统或一种添加甜味剂、牛奶的饮料。那些参与运动的人从各个农场采购咖啡豆，注重加工方法、品种和产地，雇用技术高超和有资历的人。这些人满怀热情地致力于让每一种咖啡豆都呈现出最佳的品质。第三次咖啡浪潮以轻度烘焙而闻名。不论使用的是哪种咖啡豆，烘焙师通常只烘焙到第一次爆裂之后。烘焙过的咖啡豆的颜色从浅棕色到中等棕色不等，没有传统欧式烘焙的那种深色、闪亮的外观特征。

传统的烘焙师专注于烘焙过程本身产生的风味，但第三次咖啡浪潮的烘焙师更关注源自咖啡品种、起源和土壤的基本风味。他们把精力集中在混合和烘焙上，以呈现和突出这些独特的内在风味。他们认为，深度烘焙产生的味道抹杀了不同咖啡的细微差别，所以深度烘焙的咖啡味道更加均匀。但咖啡豆的等级越高，烘焙的程度就应该越轻，因为通过烘焙去除优质级咖啡豆的细微差别没有什么意义。许多第三次咖啡浪潮的烘焙者相信，较深的烘焙会使冲泡出来的咖啡味道苦涩，而烘焙到第二次爆裂的咖啡豆含有灰烬味和碳味。

这两种不同的咖啡烘焙流派可以制作出同样高质量的烘焙咖啡，至于选择哪种仅取决于个体消费者的口味偏好。

烘焙方式

随着时间的推移，各种各样的烘焙方式逐渐演变，并有了特定的名称，有时来自它们特别受欢迎的国家的名称。例如，传统的意大利和法国烘焙通常会产生深色的咖啡豆，而中等烘焙被称为“美国烘焙”，因为这种烘焙水平在美国最受欢迎。

虽然某些书籍、网站和咖啡公司可能会告诉你烘焙的种类有限，但事实上烘焙有几十种不同的组合。烘焙方式按颜色分类，但咖啡豆的类型也在很大程度上决定了最终的烘焙颜色。例如，干加工的咖啡通常不能烘焙成单一而均匀的颜色，这使得对烘焙进行视觉分析存在很大问题。不同产地的变种和咖啡豆在烘焙过程中呈现出各自独特的香气和视觉特征。例如，苏门答腊咖啡豆经过深度烘焙后，常常呈现出苍白的颜色，比表面看起来的烘焙程度要深得多。

各种咖啡豆可以以不同的速度和温度烘焙，烘焙过程中的不同阶段会呈现独特的芳香和视觉特征。对于同一种咖啡豆，烘焙者会追求不同的温度和结果，按照自己和客户的喜好进行制作。

因此，虽然烘焙的颜色可以让你大致了解烘焙方式，但仅凭颜色去确定烘焙方式并不准确。判断烘焙程度的更好的方法是检查咖啡豆的外观：咖啡豆越光亮，烘焙的味道就越明显。颜色暗淡的咖啡豆只烘焙到了第一次爆裂或刚刚超过第一次爆裂，而特别光亮的咖啡豆烘焙到了第二次爆裂或超过第二次爆裂，产生了浓郁的烘焙风味。

烘焙颜色	外观	常用名	风味简介
较浅	干燥	浅烘焙	非常清淡；风味以原味为主，烘焙风味还未呈现。
较浅至中等	干燥	美式 常规式	糖开始焦糖化，风味开始呈现。这一阶段被拥护第三次咖啡浪潮的烘焙者所青睐。原味非常突出。
中等	干燥/油质	美式 早餐式	原味突出；冲泡出来的咖啡充分焦糖化，风味醇厚。
中等至深色	产生光泽	城市烘焙 全城市烘焙 维也纳式	发生第二次爆裂，烘焙口味开始与原味相当，或超过原味。这一阶段被认为是通用的烘焙程度，很多不用于高端产品的咖啡豆会被烘焙到这一程度。
深色	有光泽	大陆式 欧式 意大利式 法式	由烘焙产生的风味占据主导；风味中的酸大量流失，由于释放出芳香族化合物，醇厚程度会减轻。

烘焙机

如果按照前页的表格中的标准来烘焙咖啡豆，就需要一定数量的专用设备。烘焙机有多种尺寸，所有的机器都是基于相同的基本原理设计的，如咖啡烘焙机可以随时控制温度以确保温度恒定，还有旋转咖啡豆使其均匀烘焙的滚筒或热风床，以及将咖啡豆从烘焙机中取出后立即冷却的干燥装置等。

咖啡烘焙机主要有两种：滚筒式烘焙机，加热中可以旋转和翻转咖啡豆；热风烘焙机，可以在热风吹过放置咖啡豆的穿孔床时翻转咖啡豆。这两种机器体积都比较大，能够烘焙大量的生咖啡豆。小型烘焙机通常用于烘焙和测试小批量的咖啡豆，它们也很受咖啡爱好者的欢迎，让他们能够在家里自己烘焙咖啡豆。

较轻度的烘焙最适合滴漏咖啡、过滤咖啡、法压壶咖啡等。
较深的烘焙通常留给浓咖啡、炉灶煮的咖啡或用摩卡壶制作的咖啡。

马修·佩尔格
世界冠军咖啡师，圣阿里与感官实验室，澳大利亚

咖啡烘焙机

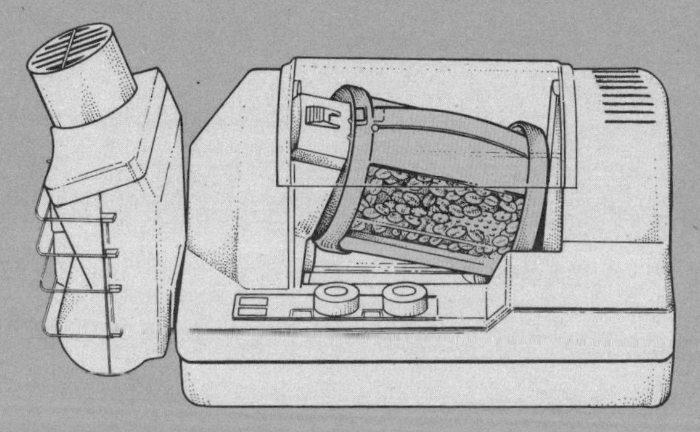

滚筒式烘焙机

热风烘焙机

研磨

很多人说研磨机是制作咖啡最重要的设备之一。质量差的研磨机会对咖啡产生严重的危害。购买一台能够均匀研磨咖啡的研磨机至关重要。

咖啡研磨机主要有两种类型：刀片式研磨机和磨盘式研磨机。刀片式研磨机旋转的同时将豆子切成小块，而磨盘式研磨机则是真正研磨咖啡豆，从而使储存在豆子中的化学物质得到更充分的释放。然而，有些人认为，用磨盘式研磨机研磨的咖啡豆会更苦，这可能是因为在冲泡过程中咖啡与水接触的表面积较大。

刀片式研磨机：这类研磨机价格比较低廉，不过在使用它们时，你需要知道你所需的研磨程度看起来应该是什么样子。研磨时间越长就越细，因此既要注意研磨的时间，也要注意质地，这是预估研磨程度的唯一方法，以便适合你所选择的冲泡方法。由于刀片式研磨机是切碎咖啡豆而不是磨碎咖啡豆，导致研磨后的咖啡不太均匀。刀片式研磨机研磨出的咖啡一般都

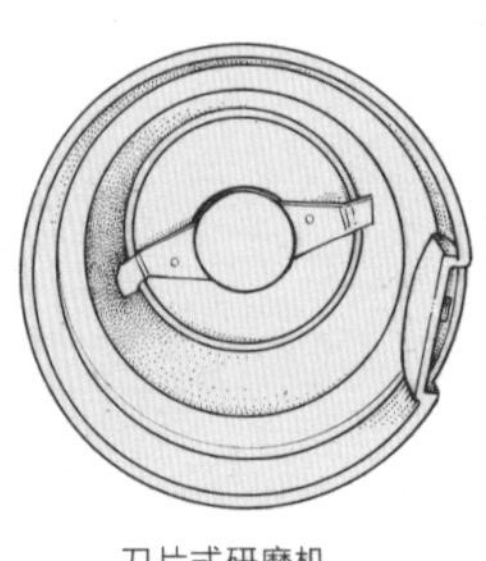

刀片式研磨机

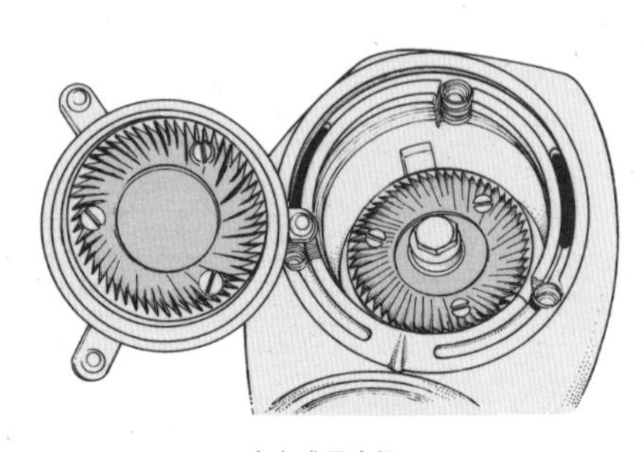

磨盘式研磨机

不足以制作浓咖啡或土耳其咖啡。

磨盘式研磨机：与刀片式研磨机不同，磨盘式研磨机可以为任何用途研磨咖啡。咖啡豆落在锉刀之间，被磨成一致的大小。锉刀的宽度可以根据需要改变和设置。这对制作浓缩咖啡来说尤其重要，因为不均匀的咖啡粉会使水无法均匀地通过手柄中被压实的咖啡，导致过度萃取，也很可能使咖啡温度过高，部分萃取不足。

咖啡豆的温度是保持其风味的另一个重要因素。如果咖啡豆在研磨过程中变得太热，油分和香味很容易消散，大多数研磨机不会将咖啡豆加热到过高的温度，以避免发生这种情况。

咖啡豆应该现用现磨，因为在研磨过程中释放出来的油分和香味会很快降解，这种情况发生在研磨后的15分钟内。

研磨程度和冲泡方法

咖啡豆研磨的方法和程度对最终饮品中的咖啡因含量具有实质性的影响。研磨得越细，意味着咖啡与水接触的表面积越大，咖啡因含量就越高。

在研磨时可以选择不同程度，以确保咖啡在你首选的冲泡方法中释放出最佳的风味。第71页的图表为各种冲泡方法的理想研磨程度提供了粗略的指导。但是，有些机器和设备可以提供特殊类型的研磨，因此请查阅制造商的说明以获得更多指导。

许多咖啡师通过触摸和视觉判断研磨程度是否正确，但他

研磨的七个基本程度

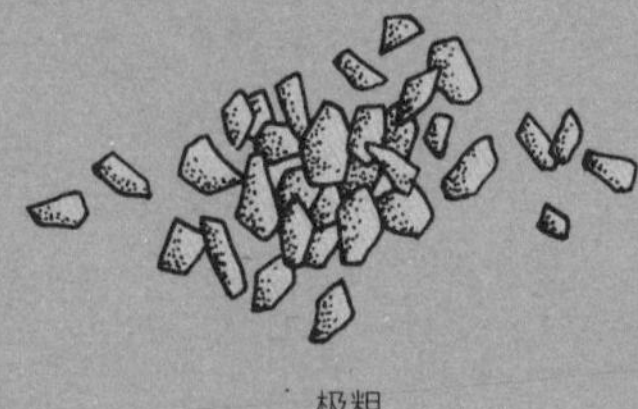

极粗
冷萃咖啡

粗
法式滤压壶，杯测

中等粗
用凯梅克斯（Chemex）壶制作手冲咖啡

中等
滴漏咖啡或过滤咖啡

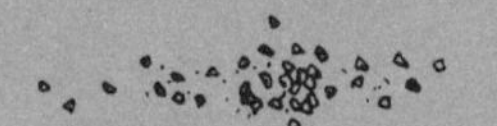

中细
手冲咖啡；虹吸咖啡/真空咖啡

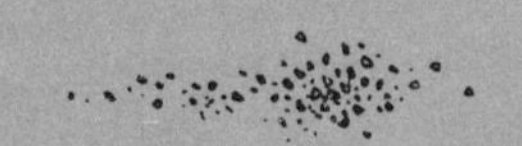

细
意大利浓缩咖啡，用爱乐压（AeroPress）制作的咖啡

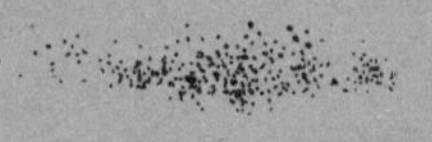

极细
土耳其咖啡

们也会根据意式咖啡机提取咖啡的速度调整他们的判断。咖啡的用量会被称重，提取时间也会被计时，如果它们不在正确的范围内，就会被调整研磨程度。

根据经验，在家研磨浓缩咖啡时，如果咖啡出来得太快，就可以将咖啡研磨得更细，以便减慢萃取咖啡的速度；如果咖啡出来得太慢，则可以研磨得更粗。

如果咖啡有点酸，通常是由于萃取不足。除了浓咖啡以外，如果采用其他冲泡方法，使用更细的研磨颗粒可以在冲泡期间萃取更多的咖啡。如果咖啡味道比较苦，也是出于同样的原因，这可能是咖啡豆、设备或冲泡方法导致的，但也可能是由于过度萃取造成的。这时可以将咖啡研磨得稍粗一点，以降低萃取率。

环境条件也会影响研磨程度。不同的温度和湿度水平会使咖啡豆产生不同的反应，需要相应地调整研磨程度。这是因为咖啡具有吸湿性，也就是说，它们很容易从空气中吸收水分，导致咖啡豆膨胀。这意味着填充在手柄中的咖啡更紧实，流速会降低，并可能导致过度萃取。这是咖啡店每天早上需要重新校准机器的主要原因之一，家庭自制也可能需要根据环境条件每天调整研磨程度。注意早上冲泡出来的咖啡，如果出现任何问题，请依据本节的内容找出症结所在，调整咖啡的研磨程度。

自己动手做

对很多人来说，自己从零开始料理食物，不仅有趣和愉快，而且还可以体现个性。制作咖啡也是如此，想要制作属于自己的咖啡，有很多东西可以尝试。

最近的手工食品运动使注重食品质量和食品生产成为主流思想，越来越多的人对主动参与食品生产产生兴趣。无论是咖啡爱好者拥有一台法压壶或摩卡壶，还是拥有从手动活塞式浓缩咖啡机到磨盘式研磨机等一切装备的高端鉴赏家，公众对咖啡制作的兴趣正在快速增长。

对于在家里煮咖啡的人来说，总有一个环节是需要自己动手做的。很多人每天都要煮新鲜的咖啡，但是那些想更进一步的人呢？作为消费者，你还可以做些什么，让清晨的咖啡变得更符合自己的喜好呢？

在家自己烘焙咖啡豆是完全可行的，这样你就可以对自己冲泡咖啡的每一个步骤进行微调。首先你需要购买生（未经烘焙的）咖啡豆。有几个可靠的在线资源，一次简单的网络搜索就可以找到可靠的供应商，但你仍然需要仔细选择咖啡豆（第58—61页给出了如何辨别咖啡豆的缺陷和选择最高等级咖啡豆的指导）。一旦你选择并购买了一批生咖啡豆，下一步要决定你想从哪一级的烘焙开始（见第65—66页）。例如，对于具有独特原产地特征的优质阿拉比卡咖啡豆来说，可以尝试较浅的烘焙；如果你喜欢较浓的口味，较深的烘焙可能更适合你。

自己动手的烘焙方法

在家烘焙咖啡豆的方法有很多种，无论你愿意投资专业设备，还是只想尝试使用普通的家用电器。例如，咖啡豆可以用平底锅或在烤箱里烤，还可以买一个可以烘焙小批量样品的专业烘焙机。

烤箱：用烤炉一般无法特别均匀地烘焙咖啡，但它可以产生有趣的味道。使用带孔的烤盘，如比萨盘，在上面铺一层咖啡豆，并将烤箱预热至260℃，使用外部烤箱温度计检查是否达到正确的温度。把烤盘放在中间的架子上，等待大约7分钟，让豆子到达第一次爆裂阶段。进行到这一阶段时，你会听到类似制作爆米花的声音。

在第一次爆裂后，密切关注咖啡豆，当它们比你所需要的烘焙程度的颜色略淡，将它们从烤箱中取出后，冷却之前，烘焙的过程会持续，因此注意不要让它们太接近你想要的烘焙颜色。无论如何，不要让豆子在烤箱加热超过20分钟，因为这样会导致最后的咖啡变得味道平平。

爆米花机：在家里使用任何热源或加热设备都有危险，但这种方法尤其危险，因此在这里不推荐。但是，如果你决定用爆米花机烘烤咖啡，必须采取一些安全预防措施。以下信息不应被视为专业建议，付诸实践完全由您自己承担风险。

从本质上讲，烘焙咖啡类似于制作爆米花，因此爆米花机可以临时作为家庭咖啡烘焙设备。但只有特定类型的爆米花机才可能适合烘焙咖啡。找一个侧面带有通风口的爆米花机，将

自己动手的烘焙方法

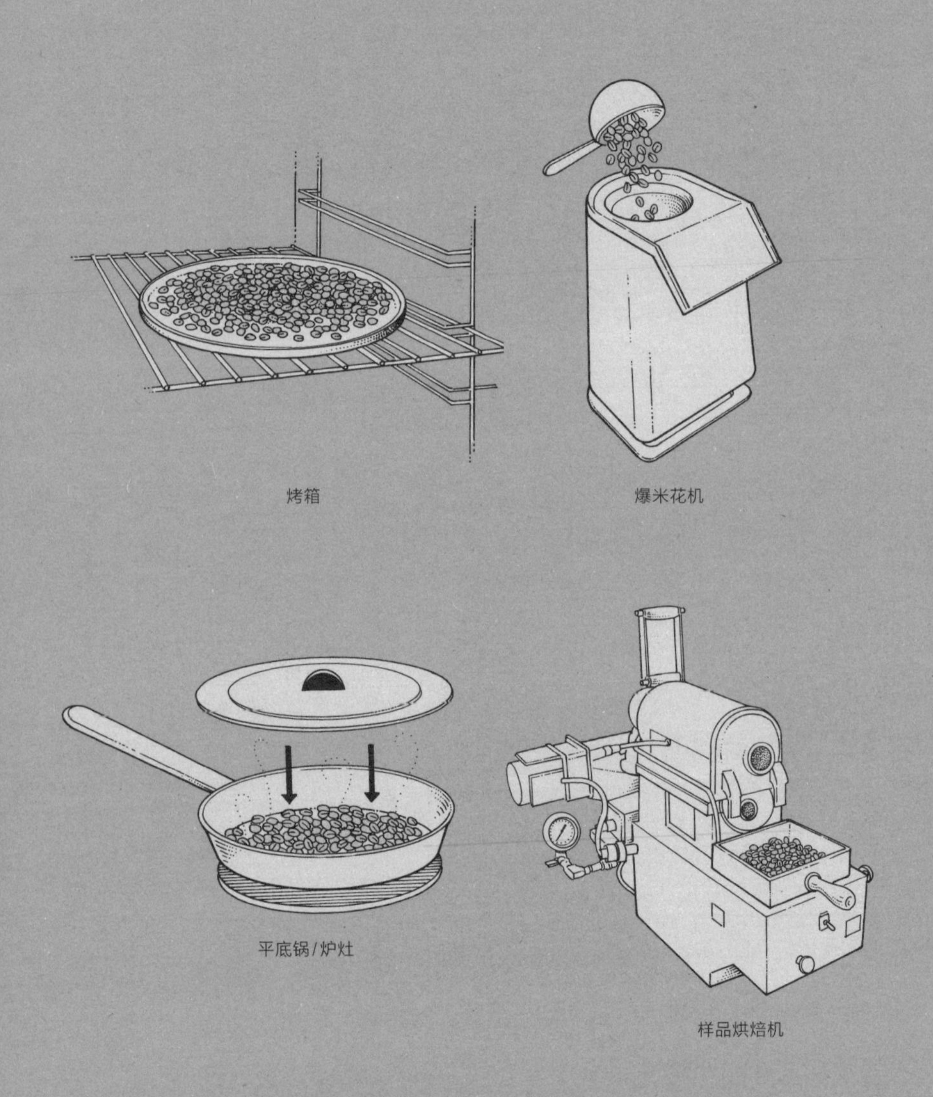

银皮向上推出，这样就可以把它们收集到出口前方的碗里。

称出与制作爆米花需要的谷物一样重的咖啡豆，放到机器里。第一次爆裂应该在大约四分钟后出现，当咖啡几乎达到你理想的烘焙程度时，关闭机器。在烘焙过程中，切勿使机器无人看管。烤好之后，把豆子放到筛子里，快速摇晃冷却。

平底锅/炉灶：使用平底锅是烘焙咖啡豆的传统方法。只需把咖啡豆放在平底锅里，放在热源上，然后摇晃它们，使咖啡豆均匀烘焙。用这种方法烘焙的咖啡豆，冲泡出的咖啡质量最低，而且最费工夫，你必须小心操作，防止烧糊。将平底锅加热至260℃，这里你需要把烤箱温度计放在里面，检查其是否达到正确的温度。将咖啡豆放入锅中，盖上盖子，摇晃平底锅，在整个烘焙过程中要保持咖啡豆一直晃动，这个过程大约需要5分钟，任何停顿都会导致烘焙不均匀。和前面的方法一样，当豆子的颜色比需要的颜色稍浅时，把锅从火上移开，然后立即放入筛子中冷却。

样品烘焙机：咖啡烘焙公司在使用大型商业烘焙机之前，需要对一小批咖啡豆进行烘焙测试，这就要求测试用的机器具备最低生产能力。为了防止浪费，在他们确定了特定类型咖啡豆的最佳烘焙程度后，会使用小型样品烘焙机。可以购买这种烘焙机，自己动手烘焙咖啡。这种机器是专业级的烘焙机，可以准确而均匀地烘焙你的咖啡。

咖啡豆的储存

与所有其他食品一样，储存咖啡豆的环境对冲泡的咖啡的味道、香味和口感都有很大的影响。我们需要控制的主要因素是空气、水分、热量和光。

让咖啡豆暴露在空气中可能最容易让咖啡豆变质。建议在购买一批咖啡豆后，将少量豆子单独存放在一个容器中，提供每日所需。大部分咖啡豆应该存储在一个大容器中，当小容器空了之后，可以从中拿出咖啡豆把它加满。这样做可以减少咖啡豆暴露在氧气中的次数，极大减缓了变质的过程。在理想的情况下，咖啡豆不应储存在纸质容器中，因为纸包装内空气可以流通，耐用铝箔或塑料是排除空气的更好选择。

咖啡豆的水分也需要控制，以便使咖啡豆保持在最佳状态。当烘焙好的咖啡豆暴露在潮湿的环境中时，它可能立即被破坏，并且会发生真菌污染。为了阻绝湿气的威胁，需要注意的不仅仅是湿气或湿度，温度的显著变化也可能导致冷凝。因此，不要把咖啡豆放在冷藏箱或冷冻箱里。

据称，冷藏可以保持咖啡豆的新鲜度，实际上这种储藏方法对咖啡豆是有害的。如果必须大量购买咖啡豆，在万不得已的时候，可以把它们放在密封袋中，在冷冻箱里储存最多一个月的时间，同时要尽可能避免与空气接触。在这种情况下，可以保护咖啡豆不受光照，因为冷冻箱提供了一个黑暗的环境。

避免咖啡豆不受热通常比看上去困难。如果你生活在一个温度上下波动较大的地方，根本无法确保咖啡豆是否在恒定的温度下储存。最好的建议是在家中找一个最凉快的地方——橱柜后方，尽可能靠近地面，确保附近没有热源或任何可能导致温度波动的东西，如热水管或水槽排水管。储藏的地方也应该是避光的，以保证咖啡豆不受光线的侵害。

咖啡在烘焙后很快就会开始失去新鲜度，所以购买新鲜烘焙的咖啡豆并在一两周内用完是非常重要的。判断咖啡豆是否新鲜的一个简单方法就是直接查看包装和检查阀门。咖啡在烘焙后会释放二氧化碳，所以阀门可以让气体逸出，防止袋子爆裂。为了实现真空密封，咖啡需要释放出所有的二氧化碳，因此在装袋之前，咖啡会被放置一段时间。真空密封可以使咖啡豆在运输过程中和在超市货架上保存的时间更长，但产品在包装时可能并不是最佳状态。解决这一点最安全的方法是从当地的烘焙商那里购买少量的咖啡豆，这样就可以保证咖啡豆是新鲜的。

在购买咖啡时，应该始终选择和储存完整的咖啡豆。你可以选择最好的优质咖啡或特种咖啡，但如果是预先研磨的咖啡，你将永远无法享受到新鲜磨碎的咖啡豆的味道。你只应按照需求把咖啡豆磨碎，然后把剩下的咖啡豆全部放在密封的玻璃或陶瓷容器里，放在阴凉的地方。

速溶咖啡

速溶咖啡是由烘焙和研磨咖啡制成的，冲泡方式与渗滤法相似，但它是高度浓缩的。沙粒状粉末可以通过两种不同的方法制造出来，并能够立即在杯子中重新组合。

萃取的咖啡可以采用喷雾干燥或冷冻干燥，两种方法都可以用来确保产品的一致性。这两种方法都是通过干燥去除液体，只留下固态咖啡。喷雾干燥是让冲泡的咖啡雾化后与干燥的热空气结合，蒸发液体，并在机器的底部留下优质的咖啡粉。有时，这种粉末会被收集并压制成颗粒，用于定量包装，其余的就会被制造成细粉末状。冷冻干燥是将萃取的咖啡冷冻，然后将其置于真空中，提取液体，再将咖啡切成颗粒后进行包装和运送。一些研究表明，冷冻干燥法保留了更多的咖啡风味。

虽然速溶咖啡往往口碑不好，但萃取过程中的浓缩环节据说可以让它比新煮的咖啡含有更高的抗氧化剂。不过，由于传统准备方法中水与咖啡的比例问题，速溶咖啡和普通研磨咖啡具有相似的抗氧化水平。本质上，一杯速溶咖啡相当于一杯渗滤咖啡，所有的风味和香味都是通过干燥来保存的。

人们对速溶咖啡的负面看法很大程度上可以归因于这样一个事实：由于速溶咖啡被认为是一种低价值产品，制造商经常使用劣质咖啡豆，因此，无论采用何种冲泡方法，这样的基础成分都无法冲泡出好的咖啡。各种各样的咖啡品牌会时不时地尝试推出速溶咖啡系列，但在市场上，要想让这种产品摆脱其固有的形象仍然是一个艰巨的挑战。

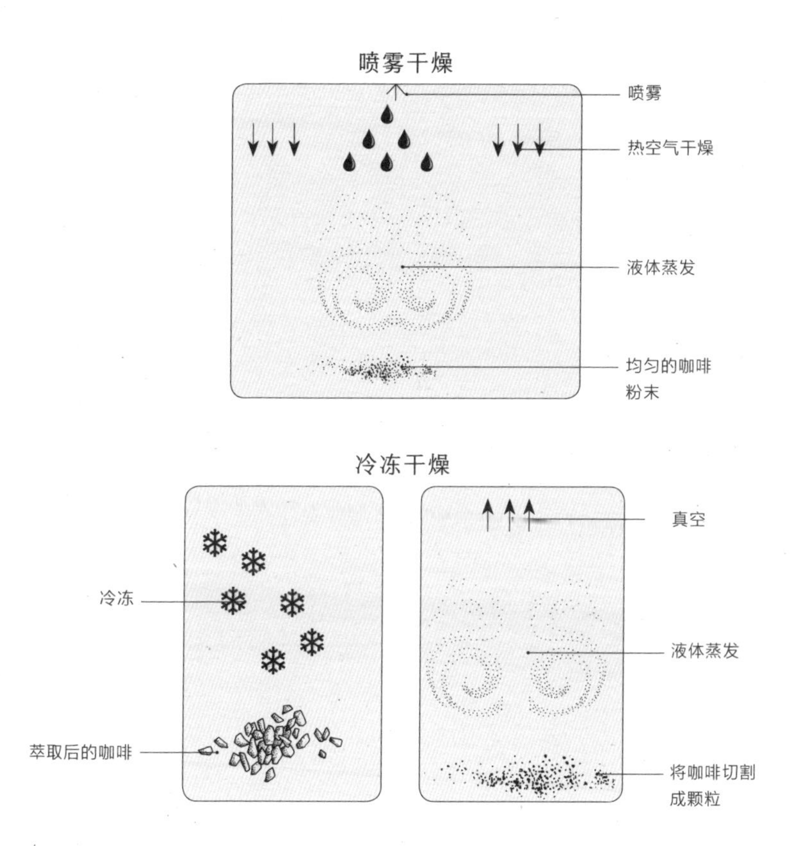

一些国家对速溶咖啡持有更积极的看法，例如英国，很多品牌都会使用优质咖啡，人们可以买到各种阿拉比卡咖啡，因此，英国的咖啡质量达到了更高的标准。2012年，速溶咖啡的销量占英国家用咖啡市场的80%多一点，一些品牌的速溶咖啡每杯的价格实际上比用研磨咖啡冲泡的还要高。正如所有的咖啡消费一样，你需要成为一个眼光敏锐的消费者，清楚你想要从日常冲泡的咖啡中获得什么，这决定着它们最佳的方式呈现。

第四章

冲泡、萃取和平衡

冲泡方法

咖啡的悠久历史以及在全球的流行已经产生数百种把咖啡豆变成饮料的方法。从在篝火上用锅煮水和咖啡粉制成的简单饮品开始，咖啡已经获得了长足的发展。各种各样的器具和机器都能冲泡出差别细微的咖啡，但从本质上讲，萃取咖啡的主要方法有四种：过滤法、煎煮法、加压法和浸泡法。

滴漏法或过滤法

咖啡萃取的基本方法是将热水倒在悬挂在过滤器中的研磨咖啡上。从布到金属再到纸，各种材料都曾用于过滤咖啡粉。水渗入咖啡粉，提取可溶性脂肪、化学物质和香味，然后流入收集咖啡的罐子或杯子中。滴漏法有比较方便的方法，也有费力的方法。自动滴漏咖啡机是一种流行且不费力的选择，但它并不以制作优质咖啡而闻名。第三次咖啡浪潮已经将诸如手冲等特殊滴漏式冲泡方法变成潮流，而单杯滴漏咖啡也正在成为专业咖啡吧和家庭最受欢迎的冲泡方法。

通过过滤器冲泡的咖啡比用其他方法制备的咖啡含有更少的油脂，这意味着过滤咖啡比浓缩咖啡含有更少的咖啡油。虽然油脂含量较少会让咖啡口感清爽，但有些人更喜欢那些富含油脂、更加浓稠的咖啡。采用这种方法时，咖啡豆应该研磨成中细，与食盐的颗粒感一致，这种程度适用于大多数过滤冲泡的方法。

土耳其咖啡

希腊、非洲、中东、土耳其和俄罗斯也采用了类似的冲泡方法，但这种方法通常被称为土耳其咖啡。这种方法是将热水和研磨咖啡放在一个特殊的壶中煮沸（见第103页），利用热源控制温度，直到萃取咖啡。这需要将咖啡研磨得特别精细，甚至比浓缩咖啡还要细，只能通过使用传统的土耳其手工咖啡研磨机或优质的磨盘式研磨机来实现。这种咖啡很浓，一定要很小心，不然很容易被过度萃取。

渗滤式

渗滤咖啡是在咖啡壶中制成的，加热咖啡壶底部，直到水溅出，不断地通过咖啡粉，冷却后又渗回到壶底(见第113页)。在萃取过程中，咖啡可能会变得过热。因此，除非咖啡豆研磨得较粗，否则很容易被过度萃取。咖啡过滤的时间应该控制在三分钟，过长会产生苦味和柏油味。

浓缩咖啡

浓缩是最受重视的咖啡萃取方法之一。冲泡浓缩咖啡的各种方法都基于相同的原理：热水在压力下通过细磨的咖啡豆，提取出浓缩、可口和有香味的液体。

浓缩咖啡是用细磨的咖啡豆制成的，具体研磨程度会根据环境和流速进行细微调整，以防止过度萃取或萃取不足。在意大利，人们会使用任何烘焙方式，但深度烘焙是首选，而美国生产商往往倾向于采用更轻的烘焙程度。

用摩卡壶（见第107页）可以在家中简单地冲泡浓缩咖啡，也是意大利制备咖啡的常用方法。在这种情况下，咖啡的研磨程度应该比传统的浓缩咖啡稍微粗一些，类似用于滴滤咖啡的研磨程度。

爱乐压是最近的一项发明，是浓缩咖啡和法压壶（见下文）的结合，由两个圆筒和一个较细的滤纸组成。过滤装置放在大圆筒的底部，咖啡放在上方。第二个圆筒要插入第一个圆筒中，用于将咖啡压入一个杯子。它可以提供浓缩咖啡，类似于过滤咖啡，相比法压壶，这种方式产生的沉淀较少，因为使用了更加细致的过滤装置。这种方法所使用的研磨颗粒也比浓缩咖啡略细。

法压

法压采用的萃取方法是浸泡。粗磨的咖啡被浸泡在热水中，冲泡完成，按下压杆，咖啡渣便留在过滤器下面。向下按之后往往会留下相对较多的沉积物，优质的磨盘式研磨机可以研磨出均匀的咖啡粉，帮助减少通过过滤器的沉淀物的数量。法压咖啡需要在冲泡后的10分钟内饮用。按压之后，咖啡渣仍然浸泡在液体中，因此咖啡渣也会继续萃取。

冷萃

在一些冲泡方法中会用到冷水，包括托迪（Toddy）或菲尔醇（Filtron）冲泡系统。萃取过程一般比较慢，最长需要24小时，最后会得到一种深色、浓稠、口感较强烈的液体，一般用热水、冷水或牛奶稀释。咖啡粉加入冷水，装在一个带有过滤器和塞子的冲泡容器中。浸泡12小时后，取下塞子，咖啡会在过滤后流入下方的壶中。

冷萃咖啡的酸度很低，因为某些油脂和脂肪酸只能在高温下释放。不过，喜欢浓缩咖啡或法压咖啡的人可能会觉得冷萃咖啡不那么可口，因为高温萃取的油对味道有明显的贡献。

由于冷萃咖啡的萃取时间较长，采用这种冲泡方法时，需要对豆子进行粗磨。

可溶性

各种产生风味的分子的溶解性是我们需要了解的重要科学原理，因为它可以帮助你了解萃取与风味之间的关系。这会使你能够根据口味分析你的咖啡，以此调整用量和冲泡方法，直到获得理想的那杯咖啡。

溶解性包括两个主要概念，行业内将其称为总溶解固体（TDS）和萃取率。

总溶解固体是以百分比表示的，它可以告诉你杯子中溶解咖啡固体的比例，即咖啡的浓度。一杯常规的咖啡由1.20%～1.45%的可溶性咖啡固体组成，其余部分是水。浓缩咖啡的总溶解固体要多得多，因为它是咖啡的浓缩形式。人们通常以购买折射计或冲泡强度计来测量咖啡固体的百分比。过高或过低分别表示过度萃取或萃取不足。

咖啡豆本身含有30%的可溶物质，其余大部分由纤维素组成，在冲泡过程中是不可溶的。萃取率是指从咖啡渣中去除的物质的百分比，理想范围是可溶性物质的18%～22%之间。

咖啡冲泡控制图

咖啡冲泡控制图（下页）是最重要的工具，可以用它来冲泡出理想的咖啡。结合折射计或冲泡强度计，根据自己独特的配方，能够科学地调整剂量和方法。请注意，此图表仅适用于非浓缩咖啡，因为浓缩咖啡是一种含高浓度可溶物质的咖啡。美国精品咖啡协会和欧洲精品咖啡协会（SCAE）对理想浓度的设定略有不同。

首先，以1千克（1升/约4¼杯）的水为基准配比一定量的咖啡粉，例如，每1千克水60克咖啡（约⅔杯），用你选择的冲泡方法冲泡一杯咖啡，然后用折射仪或冲泡强度计来确定咖啡中可溶物的浓度。参照图表，沿着60克的对角线向下，直到达到经过你分析确定的咖啡可溶物的百分比，然后沿着这一点垂直向下，确定萃取率。例如，每升60克咖啡的浓度为1.10%，沿着60克的对角线，直到达到1.10%的浓度，然后垂直向下，对应显示的是16%的萃取率。因此，根据图表，这一杯咖啡对应的情况就是“淡，未充分萃取”的，需要加大萃取，使可溶物在18%～22%之间，比较理想的比例是接近20%。要做到这一点，需要增加可溶咖啡固体的浓度，可以通过降低研磨水平或增加冲泡时间，或两者兼而有之来实现。

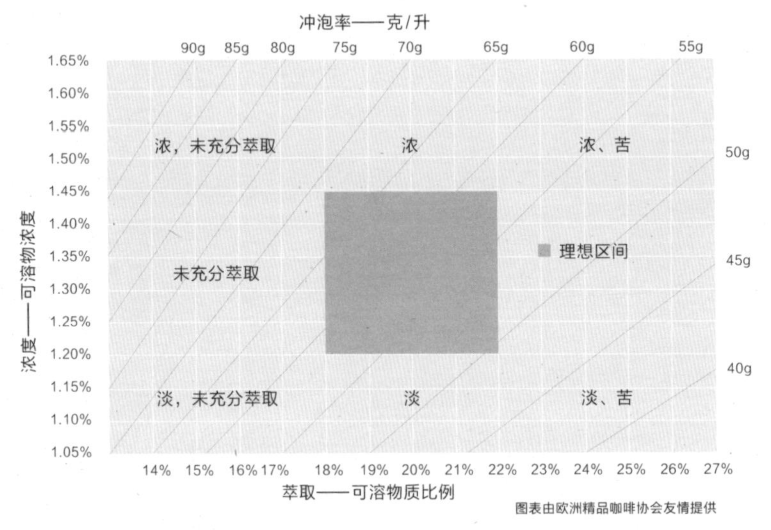

图表由欧洲精品咖啡协会友情提供

萃取

咖啡的一切都关乎于平衡，咖啡萃取有不同阶段，可以创造出较为平衡的口味，因为在这个过程中释放出了不同化合物。去掉或简化这些阶段会影响风味。

大多数人会认为太浓的咖啡也属于过度冲泡。这是一个误解。正如前页的冲泡图表所示，一杯咖啡可能很浓，但仍然萃取不足。这是因为冲泡的程度指的是风味，而不是强度，而且在冲泡过程中会释放不同的化合物。由于不同的可溶物在不同的时间被萃取，较低的萃取率意味着后期的可溶物没有机会被提取，进而导致萃取不足和风味失衡。

例如，一杯普通咖啡的萃取率测量后为25%。因此，它会被认为是过度萃取的，因为制作它的咖啡豆含有太高比例的可溶性物质。相比之下，浓缩咖啡的萃取率可能达到17%，但浓

咖啡油脂（CREMA）

在冲泡浓缩咖啡时会产生副产品，即咖啡油脂，这种副产品只出自这种独特的萃取方法。这只是咖啡中的脂肪的一种乳化作用，这是由水在高压下被迫通过紧实的咖啡粉与新鲜烘焙的咖啡豆中排出的二氧化碳相结合导致的。咖啡油脂被认为是质量的一个标志，由于咖啡豆在烘烤后只会在短时间内释放二氧化碳，所以它可以显示出咖啡豆是在多久之前被烘烤的。

应该注意的是，一些其他因素可能会影响咖啡油脂。不论二氧化碳水平如何，不同的品种、生长地点和加工方法可以改变咖啡豆中糖和脂肪含量，从而导致所产生的咖啡油脂的数量和类型的差异。

缩咖啡所含的水要少得多。因此，浓缩咖啡比普通咖啡的浓度要高得多，因为总溶解固体与水的比例更高，尽管萃取到咖啡中的可溶性物质的百分比要低得多。

咖啡味浓而萃取不足的一个常见原因是在冲泡时间太短的情况下使用过多的咖啡，通常在萃取过程后期溶解的物质没有机会从咖啡豆中释放出来，而且咖啡比例较高还会导致第一阶段可溶性物质的比例更高。

另外，也有可能获得一杯较淡而过度萃取的咖啡，或者苦咖啡。这是由于咖啡与水的比例不足以保证足够的咖啡可溶物，但较长的萃取时间导致从咖啡豆中释放出高百分比的咖啡可溶物。在这种情况下，22%～26%的可溶物会从咖啡豆中释放出来，而不是理想的20%，从而使冲泡的咖啡较苦。

如果要调整你的咖啡，使其置于冲泡控制图上的最佳方框内，需要多次实验，因为要考虑的变量很多。不同的冲泡方法和/或环境条件会使一致性难以实现，即使这些变化很小，也会使冲泡后的咖啡失去平衡。

可溶性风味分组

那么，这些可溶性物质对萃取过程和咖啡的风味意味着什么呢？美国精品咖啡协会前执行董事、咖啡行业先驱泰德·林格尔（Ted Lingle）是第一个按分子量对咖啡口味进行分类的人。这些分组有助于通过分析咖啡的口味来确定咖啡是过度萃取还是萃取不足，以便达到咖啡的平衡。四种分组方法如下：

果酸：带有花香和果香，这些是味道最淡的风味分子，在冲泡过程中首先被溶解。

美拉德化合物：比果酸的溶解速度稍慢，这是烘焙过程中产生的副产品，会产生坚果味、烤谷物味或麦芽味。

焦糖化/焦糖：赋予咖啡香草、巧克力或焦糖风味。在烘焙过程中，大多数糖都被焦糖化，这是咖啡大部分甜味的来源。高度焦糖化的糖，比如那些存在于又苦又甜的深度烘焙中的糖，需要更长的时间来萃取。

干馏反应：在较深烘焙的咖啡豆中最为明显，这些是黑焦糖和美拉德化合物，它们会产生灰烬、烟熏、碳味或烟草味。这些是溶解速度最慢的物质，如果浓度较高，会盖过许多微妙的风味。

如果只是把口味和四种风味分组作为指标，我们就可以粗略地测量提取率，而无须折射计或冲泡强度计。如果你的咖啡具有较强的干馏或苦涩焦糖的特点，那么它可能被过度萃取了。相反，如果你的咖啡果味或酸味过重，可能是萃取不足。无论是哪种情况，可溶物质的平衡都是不正确的。

比例

根据美国精品咖啡协会提出的建议，咖啡与水的基本比例应为每170克（¾杯）水加入10克（约2汤匙）的研磨咖啡。实际上，依据你的冲泡方法和咖啡豆的种类，你可能只需要一半的咖啡。

所有的咖啡都是按重量而不是体积来测量的，因为咖啡豆的大小和密度不一致，每勺的量也略有不同。咖啡与水的比例最开始以1：17为标准，即每170克（¾杯）水含10克（约2汤匙）咖啡，相当于一杯标准的咖啡。浓缩咖啡机通常已经被设定好冲泡一杯或双倍浓缩咖啡所需的水，研磨咖啡需要在手柄中准确地测量重量，以确保正确的比例。

专家们对于一杯浓缩咖啡需要的研磨咖啡的理想重量持有不同看法，所需的量根据你的设备和咖啡豆类型而有所不同。不过，很多人都同意，粗略地说，一杯咖啡可以用7～8克（约1.5汤匙）研磨咖啡，双倍浓缩咖啡应该用14～16克（约3汤匙）咖啡，具体取决于手柄的大小。许多新的特色咖啡吧和烘焙师认为这是传统的欧洲风格，他们所采用的用量和方法有很大的不同。在大多数现代咖啡馆里，双倍浓缩咖啡正在成为一种常态，消费者已经习惯于点单份浓缩咖啡。咖啡师培训通常由本地的小型烘焙店执行，他们按照第三次咖啡浪潮的原则，推荐18～20克（约1/4杯）咖啡粉作为双倍浓缩咖啡的标准。

这些推荐的咖啡比例只能用做参考。使用厨房电子秤可以确保精确称量咖啡，以便适用于你喜欢的浓度和冲泡方法。

水

水是一杯咖啡中最重要的成分之一，因为它的比例占饮料的98%～99%。在整个过程的各个阶段，控制水的量、温度和类型是决定咖啡质量的关键。

不应该用蒸馏水冲泡咖啡，因为所有的矿物质都被去除了，而这些对于味道和萃取过程都是必不可少的。它的酸度也相对较高，酸碱度为5～6，因此它可能具有腐蚀性，会对你的设备造成损害。

也应避免使用硬水，其中的矿物质会在咖啡机水管上留下白色的钙沉积物，进而堵塞管道。用药片或其他方法软化的水也是不可取的，因为用于软化水的钠离子会形成凝胶状物质，可能会堵塞机器。

水的类型

过滤水是制作咖啡的理想选择，因为水瓶、水槽或木炭过滤器可以去除化学物质和沉淀物，同时保留重要的矿物质。瓶装矿泉水也是合适的，但要确保矿物质含量在50～150份/百万份水，处于这个水平的水味道最好，对于冲泡咖啡来说不会太硬或太软。冲泡咖啡时使用的水的最大矿物质含量应该是每百万份水含300份矿物质。

温度

掌握正确的温度很重要，因为热水会溶解研磨咖啡中的可溶性固体，萃取化学物质和成分，使咖啡具有风味和香味。冲泡的理想温度在91℃～96℃之间，越接近上限的温度，冲泡效果越好，不过使用处于沸点或100℃的水冲泡咖啡可能会导致苦味。温度低于91℃的水会导致萃取不足，让咖啡淡而无味。经过较深烘焙的咖啡可以使用较低温度的水来冲泡，使它们成为廉价咖啡机的理想选择，因为这些咖啡机可能难以将水加热到所需的温度。

有一个获得接近正确水温的简单方法，在水沸腾后，将水壶从热源上取下30～60秒，这样可以把温度稍微降低，处于建议的范围内。由于所需放置的时间因水壶类型或环境温度而不同，另一种更精确的方法是在水壶中放置温度计，计算温度下降到合适范围所需的时间。

预先浸泡

如果要借助过滤和滴漏的方式冲泡咖啡，你需要用热水预先弄湿咖啡粉。水分和热量使咖啡释放二氧化碳，为咖啡的萃取做准备。咖啡粉吸收一点水分后，体积就会膨胀，冲泡过程便开始了。排除气体的过程被称为“开花”，咖啡粉产生泡沫是在烘焙后自然发生的，加入热水加速了这一过程。这也是一个很好的方法，可以检测咖啡的新鲜程度，咖啡“开花”越少，证明烘焙后放置的时间越短。

有关如何预先浸泡咖啡粉和冲泡各种类型咖啡的指南，请参阅第六章中的说明。

达到平衡

这些关于溶解性、萃取、比例和水的信息，如何转化为制作出理想咖啡的冲泡方法呢？答案是，这一切都与平衡有关。风味的平衡、萃取的平衡和测量的平衡。

风味与萃取的平衡

正如我们在本章节前面所看到的，产生咖啡的风味和香味的物质在咖啡萃取过程的不同阶段都是可溶的。一些可溶物质在加水和加热后很快就会溶解，而另一些则需要更长的时间。想要完美地说明这一点，可以制作一杯浓缩咖啡，包括称重和定时，以便实现良好的萃取，然后准备另一杯，分成三份。例如，如果你的那杯咖啡在27秒时被完全萃取，则将第二杯分为三杯，每杯用9秒萃取。你的第一杯——第一个⅓杯会较浓，油性较大，有酸性，口味也是酸的；第二杯——第二个⅓杯会充满糖和焦糖；最后⅓杯将是较淡和苦涩的。

如果你喜欢苦味较少的，可以试着在冲泡最后⅓杯的中途停下来；如果你喜欢苦味较多的，可以用更多的时间来冲泡。只要萃取方式正确，你现在就可以用这种分杯制作的方式来确定你理想的口味。

萃取过程本身还需要平衡温度、提取率、时间和总溶解固体等各种因素，每个因素都需要在其最佳范围内。

测量中的平衡

就像在烘焙时一样，在测量咖啡粉或水时，几克的差异会使咖啡完全失去平衡。在制作浓缩咖啡时，即使是一克咖啡的差别也会导致咖啡过度萃取或萃取不足，因此即使是最好的校准器具也无法保证你的每一杯咖啡都口味一致。不过，如果咖啡粉被精确测量，研磨程度保持在统一的水平，环境因素没有太多变化，是能够多次萃取口味一致的浓缩咖啡。

如果确定了适合个人喜好的水和咖啡粉的比例，那么冲泡普通咖啡也是一样的，咖啡粉称重可以确保每次冲泡的咖啡一致、平衡的口感。

浓缩咖啡口感

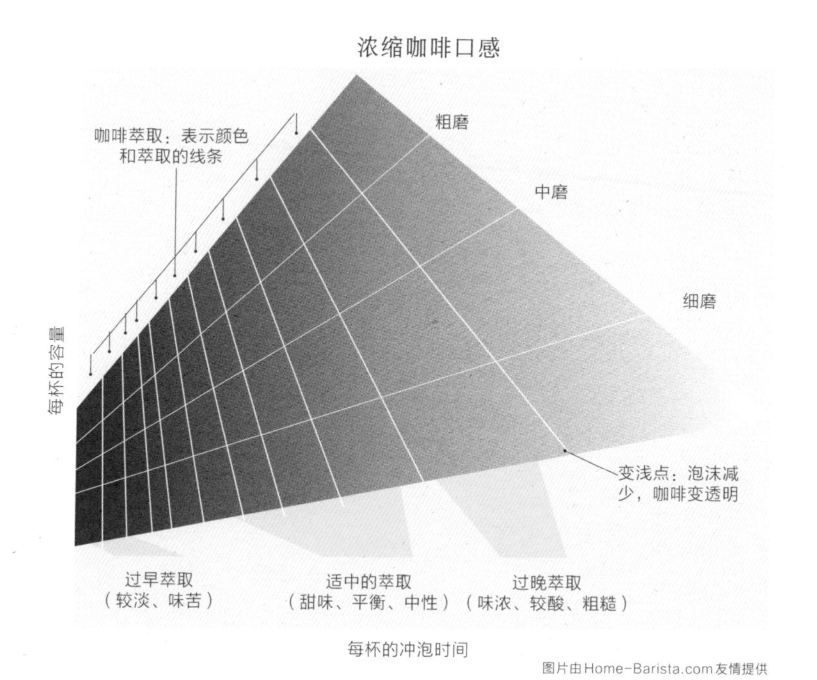

图片由Home-Barista.com友情提供

香气和风味

咖啡作为一种饮料，可以单独饮用，品尝味道，也可以在就餐时或餐后享用。同时，还有多种多样的方法可以将咖啡与食物搭配起来，以便将咖啡的独特风味显现出来，或者凸显食物的味道。

当人们同时食用咖啡与食物时，咖啡通常被认为是次要的——它只是餐后饮料，在用餐后才被想到。然而，有时局面会扭转，食物可以为品鉴咖啡锦上添花。例如，在意大利，咖啡经常和一块小饼干一起提供，顾客就可以在喝咖啡时咬一口。这样甜味就不会掩盖咖啡的味道，因为它没有被添加到饮料中，同时咖啡还可以保持纯净和纯粹。任何额外的甜味都来自甜饼里的糖，它们会激发咖啡的味道，而不是淹没咖啡的味道。

传统的饼干或蛋糕并不是唯一能激发咖啡的味道的食物。例如，将咖啡与格兰诺拉棒（granola bar）搭配，可以突出咖啡中的坚果味和果味，而咖啡中浓烈的苦味也可以通过干果或黑巧克力的甜味来平衡。这样，咖啡就可以和葡萄酒相提并论。它的香气、风味、口感和酸度都可以通过一个科学的过程来评估，并与各种食物相匹配，这一过程旨在突出每种豆类的细微风味。

搭配食物

食品化学家和科学家对食品搭配进行了广泛研究，他们发现具有相似风味或香味化合物的食品和饮料可以很好地结合在一起。咖啡和葡萄酒一样，经常被描述为带有浆果、巧克力、水果或柑橘的味道，这些主要的风味可以用来搭配食物中相应的味道。例如，带有巧克力或坚果味的咖啡与带有奶油和甜味的甜品或巧克力可以很好地结合；用半干法、干法或天然加工的咖啡富含核果味、浆果味并带有甜味，可以很好地搭配口味较淡的点心和水果；带有柑橘香味的咖啡与杏干、橘子或柠檬蛋糕很相配；温和的香草香味咖啡与米饭布丁、蜂蜜、焦糖、华夫饼和薄煎饼很配。但是请记住，咖啡的口味会因为冲泡方法的不同而不同，这也是另一种突出咖啡的各个方面的方法。

正如食物有潜力去补充和增强一杯好咖啡的味道一样，咖啡对食物也有同样的作用。开始尝试搭配最好的方法是搭配口味——用巧克力味搭配巧克力味，用浆果味搭配覆盆子味。然后从这里开始扩展，利用成功的食物组合。例如，覆盆子、巧克力和薄荷是一种令人愉快的食物组合，所以带有浆果味道的咖啡可以很好地与巧克力薄荷曲奇搭配。

如果已经掌握了这种简单的方法，就会发现将食物和咖啡成功地搭配在一起很容易。最重要的是培养对口味和香味的分析能力。第100—101页所示的口味轮是一个有用的工具，可以帮助你掌握描述性分析的技能。

品尝者的口味轮

醇度

醇度	
清淡	似水
	似茶
	丝滑
	顺滑
	多汁
适中	顺滑
	含2%牛奶
	糖浆味
	口感圆润
	奶油味
浓烈	浓郁
	醇厚
	强劲
	耐嚼
	带涂层

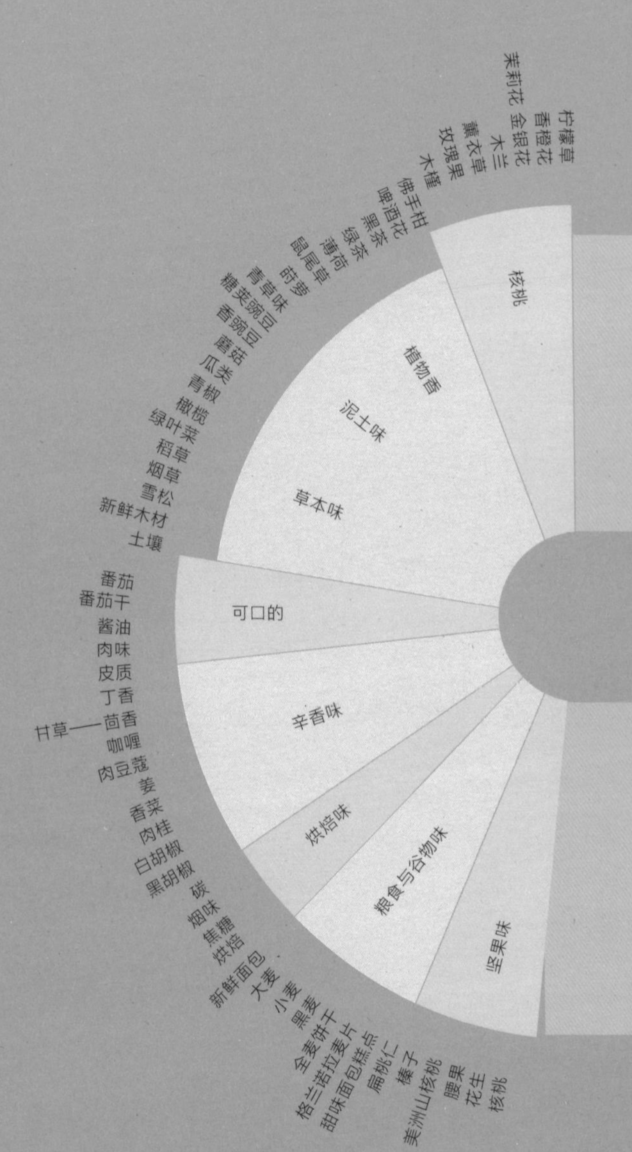

咖啡品尝者的口味轮有助于识别咖啡中的口味。使用这个图来帮助你识别口味，你可以更准确地描述你手中的咖啡，也可以确定哪些食物可以很好地与你的咖啡搭配食用。

描述咖啡的形容词和强调成分

清爽、清新、明亮、水果酸	平淡、寡淡、清淡
野生风味、不平衡、酸、较冲的酸味	有层次、平衡、圆润
浓郁、深邃、复杂	柔和、微弱、轻柔
多汁	干燥、涩
味道持久、杂味	快速、干净

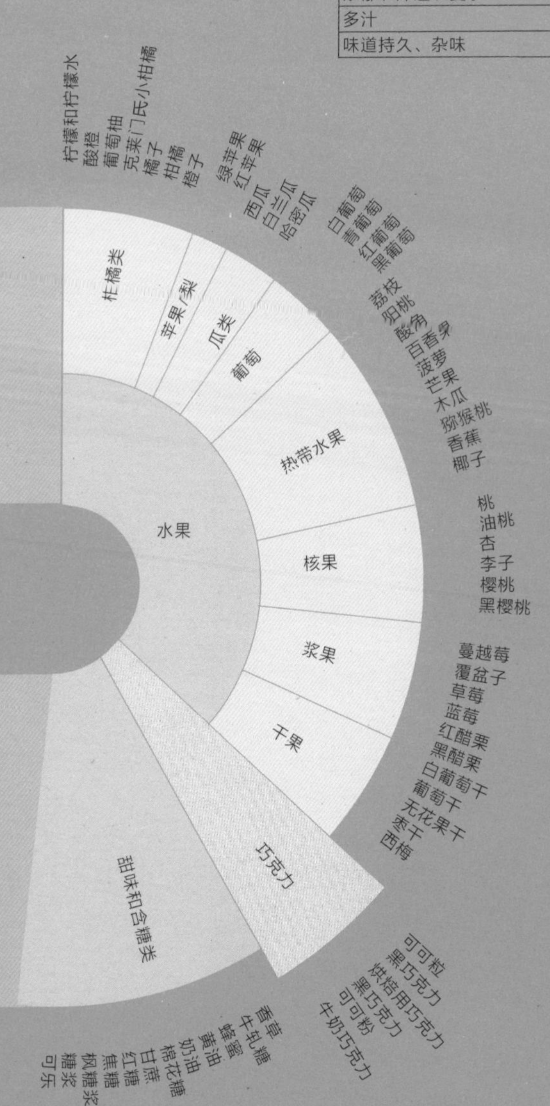

图表由柜台文化咖啡（Counter Culture Coffee）友情提供

第五章

咖啡与科技

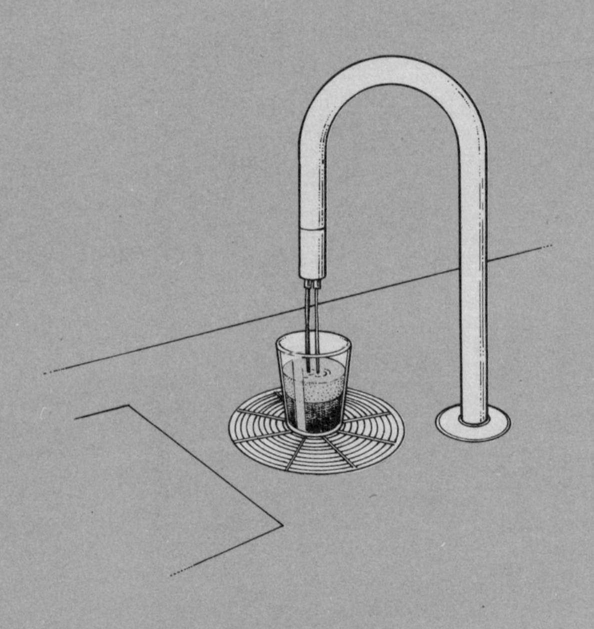

简易咖啡壶

如果不使用小器具或机器，也有很多不同的方法可以冲泡咖啡。其中一个方法叫作“牛仔咖啡”（Cowboy Coffee），即把沸水和咖啡粉放在篝火上的壶中，这种方法也称为煎煮法（见第130页）。

土耳其咖啡或希腊咖啡也采用煎煮法，这是目前仍在使用的最古老的咖啡冲泡方法之一。虽然制作方法简单，所需器具很少，但设备的质量决定了最终产物的质量。这种咖啡所需的咖啡粉特别精细，一般只能从高品质的咖啡研磨机获得，因为大多数家用研磨设备无法研磨成足够细的粉末。比较实惠的选择是购买提供适当细度的特制土耳其咖啡研磨机。

这种类型的咖啡还包括使用一种特殊的冲泡壶，这种咖啡壶在土耳其被称为“杰兹沃”（Cezve），在希腊被称为“布里奇”（Briki），但在西方其他地方通常被称为“伊布里克”（Ibrik）。沙漏的形状很重要，它能使咖啡很容易地被倒出来。

土耳其长柄壶

壶颈的形状还可以使液体被倒出的同时把大部分咖啡渣留在壶里。最重要的是，狭窄的壶颈对于产生泡沫至关重要，这是土耳其咖啡冲泡过程中必不可少的。目的是将咖啡加热到起泡阶段，但要将壶提起，然后再放回热源，使其保持在起泡阶段（见第132页）。

虹吸壶 / 真空壶

用虹吸壶/真空壶冲泡咖啡，在某种程度上需要投入更多的劳力，这种方法以冲泡纯净的咖啡著称。虹吸壶/真空壶发明于19世纪初，但在20世纪初失去了人气。不过，它最近重新引起了咖啡鉴赏家的兴趣，他们希望人们把焦点重新放在咖啡的质量上，而非冲泡的方便性。

这种咖啡壶是根据水蒸气的膨胀和收缩原理工作的。它包括两个玻璃容器，由一个虹吸管连接，使水可以在它们之间流动，它悬浮在一个热源上。水被放在底部，橡胶密封件在下部容器中产生部分真空。一旦把咖啡壶放在热源上，水蒸气在加热时就会膨胀，蒸汽的压力会把热水推向虹吸管和顶部的容器，咖啡粉被加入顶部的容器中，被搅拌，被浸泡。冲泡完成后，关闭热源。冷却的水蒸气会收缩，下方容器中的压力随之下降，产生了部分负压真空，通过虹吸管将液体吸回，以便将煮好的咖啡注入下方的容器中。

其他基于真空的冲泡方法的机器包括三叶草牌咖啡机（Clover Machine），这是最近发明的一种高科技冲泡系统，现在可以在世界各地的专业咖啡馆中找到它。这个单杯冲泡机占据了相当大的柜台面积。咖啡师把磨好的咖啡放在一个细滤器上，滤器位于活塞的顶部，然后咖啡会进入机器。咖啡被浸泡后，活塞向上推，形成真空，通过阀门将煮好的咖啡吸下去。然后活塞再次下降，将煮好的咖啡从机器底部推到机器下方的杯子里。过滤器上升，直到与机器顶部齐平，此时咖啡渣位于粉渣槽，然后被刮掉。三叶草以冲泡清澈，爽口的咖啡著称，能够突出品种或地区的微妙口味。

虹吸壶/真空壶

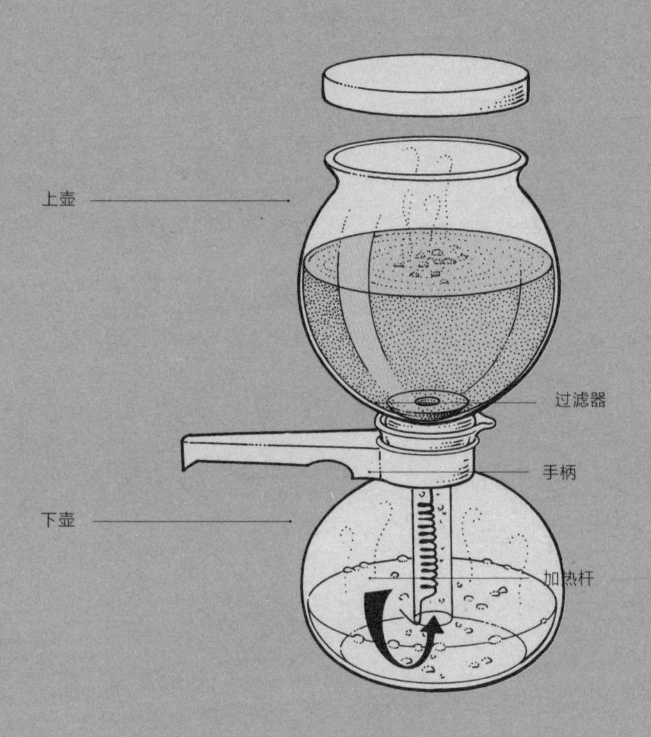

蒸汽动力

咖啡是世界范围内最普及的饮料之一，人们在不断地设计新方法或改良老方法来冲泡和消费这种流行饮品。

在浓缩咖啡问世之前，人们需要花5分钟冲泡一杯咖啡。为了使这一过程更快速、更容易、更有效，人们一直在开发新的技术。欧洲各地的发明家和科学家在持续的咖啡热潮中看到了赚钱的机会。大量咖啡机是在19世纪设计问世的，其中很多使用了蒸汽动力。

虽然有很多人参与了咖啡机的发明，但第一个已知的专利是在19世纪末由都灵一家咖啡馆的老板安吉洛·莫兰多（Angelo Moriondo）注册的。不幸的是，他将咖啡机的使用限制在他自己的咖啡馆，因此该咖啡机从未大规模生产过。1901年，另一个意大利人路易吉·贝泽拉（Luigi Bezzera）为一项设计申请了专利，不过直到德西代里奥·帕沃尼（Desiderio Pavoni）提供资金支持后，他才能够生产和销售这一设计，使他的发明得以运用到商业领域。贝泽拉的咖啡机可能是第一批浓缩咖啡机，但本质上，它们是两侧都带有输出口的大型锅炉。主要问题之一是与咖啡豆直接接触的蒸汽的量。直接加热会导致咖啡产生苦味和异味，同时蒸汽压力的不足则导致无法充分萃取。

一些家庭仍在使用蒸汽驱动的浓缩咖啡机。虽然滴漏式咖啡壶、摩卡壶（Moka）、浓缩咖啡壶不会用来制作现在我们所知的浓缩咖啡，但它依靠的是与早期浓缩咖啡机相同的基本萃取方法。原理上类似于过滤器。不同的是，它的工作原理并非

摩卡壶

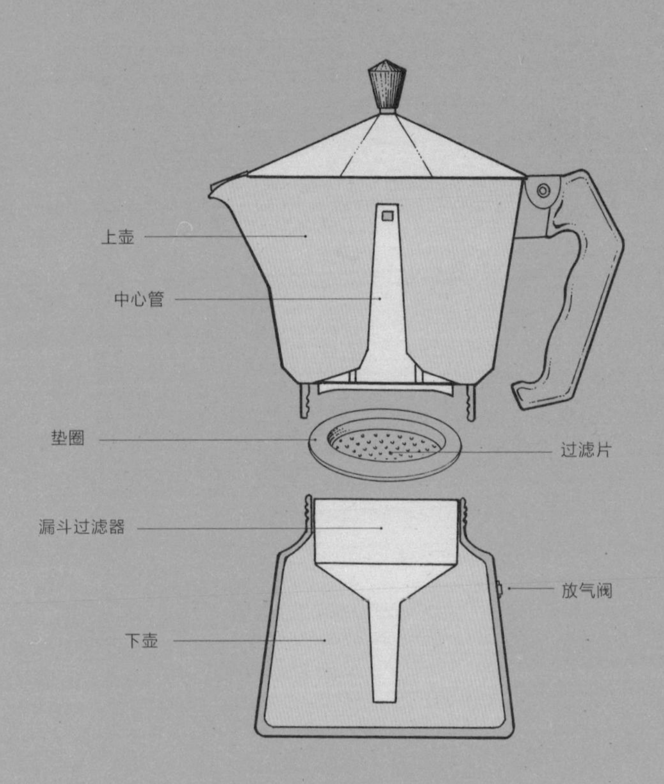

使热水上升到内管，然后再下降，与未经过咖啡粉的水混合。滴漏式咖啡壶是利用蒸汽和压力的混合，将水从下壶向上推，通过咖啡粉，推向上壶，并在上壶将煮好的咖啡分离。

活塞动力

尽管用蒸汽驱动的咖啡机能够制作一杯像样的咖啡，但它却无法提供足够的压力来萃取一杯令人满意的浓缩咖啡。

如何利用泵、液压系统和活塞增加压力？第一个真正可行的解决方案出现于1938年，由阿奇里·加吉亚（Achille Gaggia）设计的一台使用手动活塞的机器。一些欧式咖啡吧和爱好者现在仍在使用手动活塞机，他们认为这种手动操作可以更好地控制咖啡的制作。这些令人印象深刻的机器当然可以制作美味的浓缩咖啡，但它们也需要高水平的技术，因为许多方面都需要控制好，以确保正确地施加压力和萃取咖啡。

加吉亚咖啡机通过制作我们今天所知道的浓缩咖啡，为咖啡制作带来了革新。它仍然要使用蒸汽，但蒸汽永远不会与咖啡直接接触。相反，蒸汽在锅炉中产生压力，迫使水进入一个汽缸，在那里水被进一步加压。最初的手动操作产生了“拉一杯”（pulling a shot）这个短语，因为咖啡师需要上下拉动活塞，现在大多数机器采用的都是电力。

阿奇里·加吉亚不仅改变了世界上最受欢迎的食品之一的风味和冲泡方法，而且还发现了咖啡的一个重要构成，即咖啡油脂。第一批浓缩咖啡消费者称这层咖啡油为“浮渣”，因为它被视为高压萃取咖啡的副产品。当时，加吉亚需要一场营销活动来推广他的新产品，所以米兰附近的酒吧里安装了他的咖啡机，并贴上了“来自天然咖啡的咖啡油脂”（coffee

加吉亚咖啡机

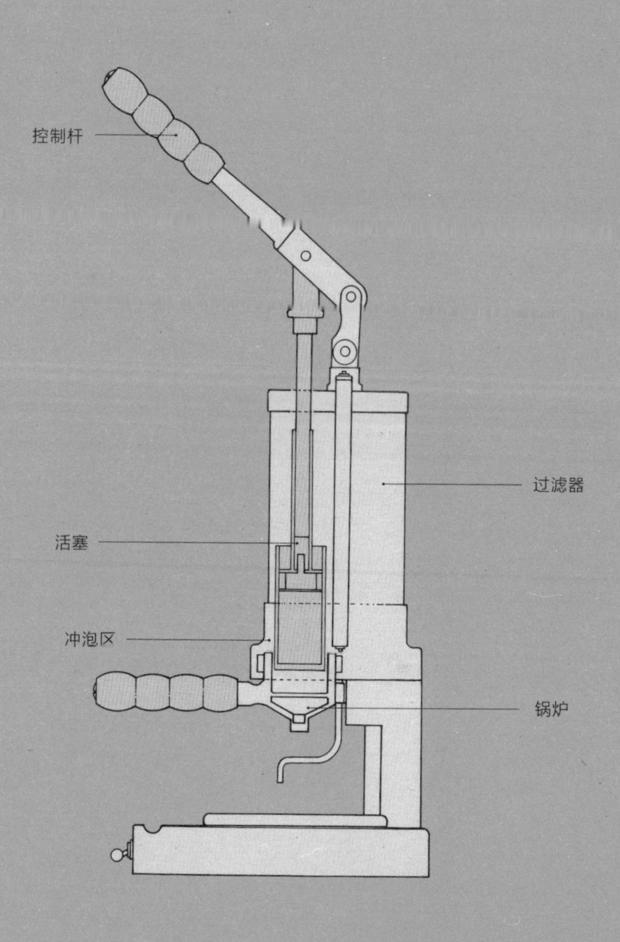

cream from natural coffee）的牌子。在消费者意识到这些机器萃取的咖啡质量上乘后，高端酒吧和餐馆便开始安装加吉亚咖啡机了，之后这种咖啡机传播到了米兰之外，并从那里开始逐渐占领了全世界。

电力

电是咖啡发展过程中一个非常重要的因素，它从根本上改变了咖啡的制备和消费方式。它带来了自动化和一致性，这使得消费者在家中冲泡的咖啡品质更接近于他们在咖啡馆中品尝到的咖啡。

咖啡渗滤壶

电咖啡渗滤壶的发明是电与咖啡之间的第一次交会。电咖啡滤壶提供了一种基本的冲泡咖啡方法，最初它被认为是一种高价的厨房用品，因为它煮咖啡的速度更快，而且比炉灶方便得多。不久之后，它就变成了一种普通的厨房用具，即使不是必需的，也远不属于奢侈品的范畴。相比电咖啡渗滤壶，更推荐滴漏式咖啡壶或自动咖啡机，但仍有不少人在继续享用前者制作的咖啡。

由于以下几个原因，渗滤法并不是最被重视的咖啡萃取方法。这种方法将水多次输送到咖啡粉中，在萃取咖啡的过程中，咖啡有时会沸腾。与其他咖啡萃取方法相比，在使用这种方法时，水温通常保持在较高的水平，这会增加苦味，并可能导致过度萃取。那些喜欢咖啡更浓、更黑、更苦的人可能会发现，这种渗滤咖啡适合在早晨快速冲泡。20世纪70年代，流行的方法是用滴漏式咖啡机代替渗滤壶，人们普遍认为前者制作出的咖啡质量更好。

使用渗滤壶时如何选择最好的咖啡豆取决于个人喜好，但

咖啡渗滤壶

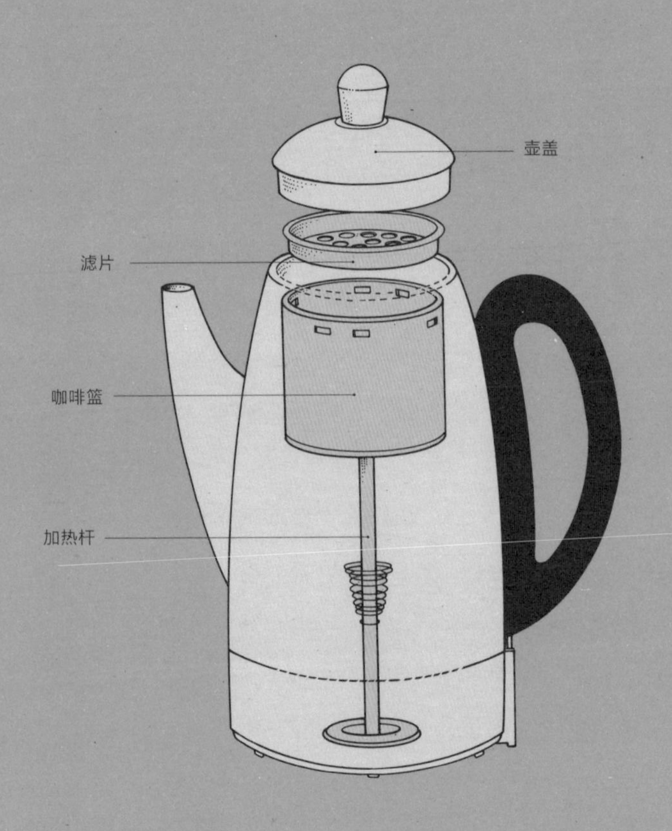

无论如何，应该使用粗磨的咖啡粉。这意味着咖啡与水接触的表面积较小，从而有更多的时间提取风味，并减少苦味。

自动滴漏式咖啡

虽然滴漏式咖啡一直是一种流行的手冲咖啡方式，但直到有人发明了电动自动滴漏式咖啡机，它才在北美流行。这种咖啡机因使用方便被人们所重视，它的缺点是消费者对萃取缺乏控制。机器本身在很大程度上决定了时间和温度，因此购买一台由知名制造商生产的高质量、校准良好的机器是很重要的。

电动咖啡机之所以流行，有几个原因。首先，有了安全的加热元件，就不需要使用炉子了，自动切断开关也是革命性的发明。在过去，冲泡咖啡需要人时刻关注温度、时间和萃取水平。这之后，这项任务基本上可以移交给一台机器。大多数的手动咖啡机都使用电力，要么简单地在咖啡壶底部添加一个加热元件，要么整个过程都可以自动化。

便利的咖啡机

针对追求便利的人群，数十种新型咖啡机宣称只需按下一个按钮就能制作出一杯高质量的饮品。豆荚式咖啡机通过从装满咖啡的豆荚中提取“浓缩咖啡”，制作类似咖啡的浓缩咖啡饮料。冲泡咖啡时也可以将牛奶放入机器中打出泡沫。

另外，还有同样智能的咖啡机用来制作特定的饮料，如拿铁。通常情况下，它们由一个盛牛奶的滴水式水壶和一个位于

自动滴漏式咖啡机

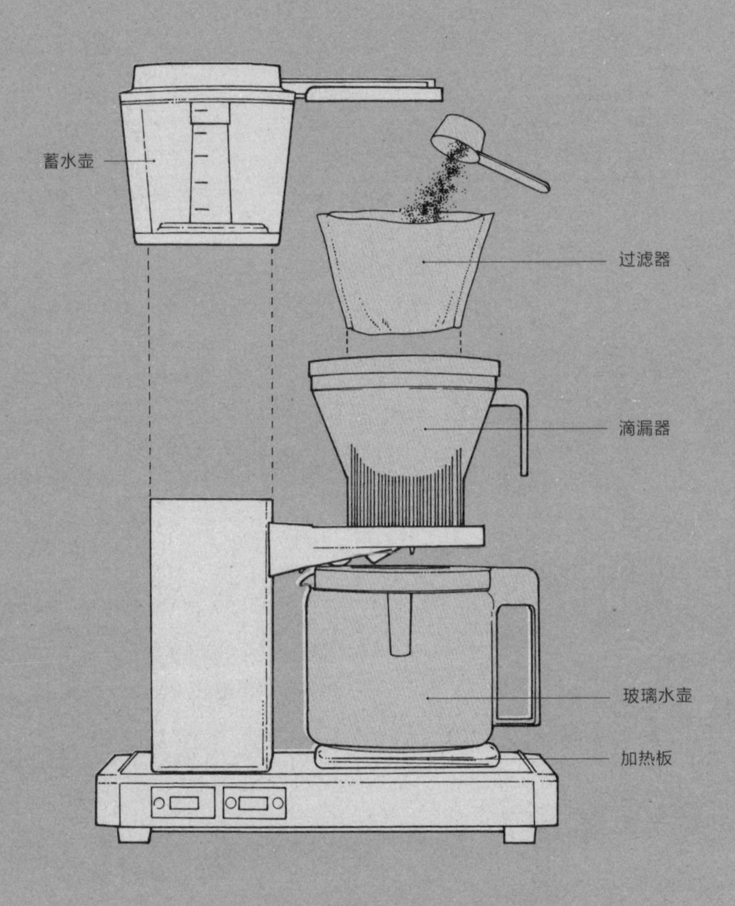

上方的盛咖啡粉和水的部件组成。机器使牛奶发泡，并将咖啡提取到壶里。只需按一下按钮，就可以得到一杯拿铁。还有一些高端的浓缩咖啡机，旨在复制合格的咖啡师制作一杯好咖啡所需的步骤，并通过一次又一次机械可以达到的精确性重复这些步骤，以便确保咖啡品质的一致性。

对这些咖啡机进行的各种杯测大都没有定论。有些咖啡机制作的咖啡排名只略高于速溶咖啡，还有一些则受到米其林星级餐厅的欢迎，成为专家眼中质量上乘的咖啡。关于机械化是否贬低了一种艺术形式的争论接踵而至，但更多人还是欣赏现在可以方便、轻松地冲泡咖啡的方式。

关于什么是好咖啡，答案是主观的。如果你喜欢用咖啡机或拿铁机煮出来的咖啡的味道，那么咖啡机就完成任务了。另外，让咖啡爱好者在专为他们设计的新一代咖啡机上花一笔钱是完全可能的。但是这些咖啡机制作的咖啡的香气、口感和风味能与用更古老的冲泡方法冲泡的新鲜咖啡的味道相比吗？使用优质的咖啡豆和最先进的设备本身并不能保证制作出一杯好咖啡。要制作一杯美味的咖啡，还需要制作者具备测量、压实咖啡粉、研磨和萃取方面的知识和技能。

便利的咖啡机

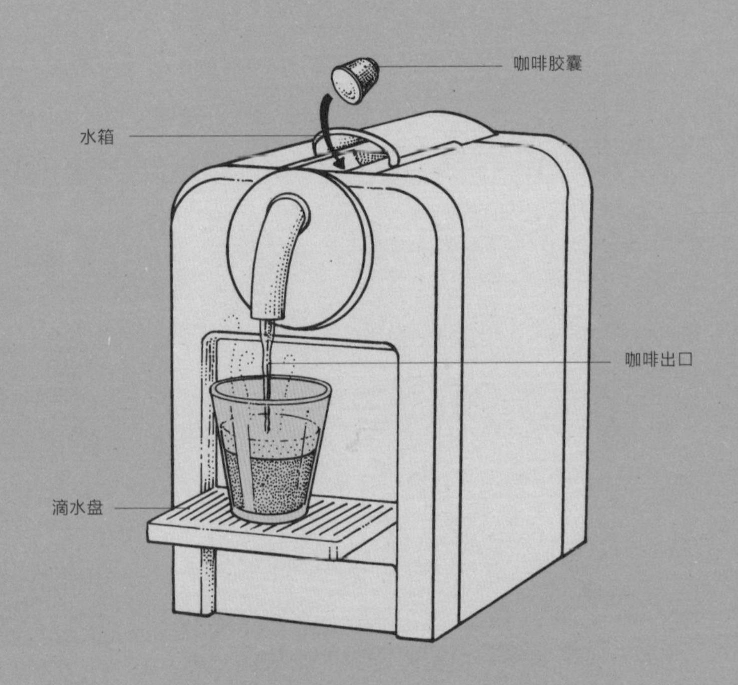

小器具

有些人喜欢用极简的方法制作咖啡，只用一个壶、火焰、咖啡粉和水来创造属于他们自己的完美咖啡，而另一些人则热衷于使用一系列精美的小器具来帮助他们冲泡理想的咖啡。

本书的其他部分（见第6章）介绍了制作咖啡的设备和机器，但本章要重点介绍的是咖啡爱好者可以购买的小工具，如牛奶起泡器、压粉器、垫子和温度计。通过收集一系列特殊设备，可以将咖啡制作成个人喜欢的规格。

厨房电子秤

大多数家庭厨师和家庭咖啡师用体积测量配料，但最准确的方法是用重量测量咖啡或任何与此有关的配料。因此，一台精确的厨房电子秤应该是每位咖啡爱好者的必备工具，每个人都应该熟知如何测量最合适的咖啡粉用量。尽管咖啡爱好者会竭尽全力去寻找优质的咖啡豆，测试许多不同的冲泡方法，以及研究和购买各种（通常是昂贵的）咖啡制作设备，但他们很少考虑的往往是准确测量咖啡粉，他们经常用勺子确定咖啡的用量，这种方法不够精确，无法确保用量的一致性。

不同咖啡豆的大小和重量有很大的差异，这意味着用体积衡量会导致不同的重量。即使是1～2克的差异也能明显地改变咖啡的味道，因此确保重量的一致至关重要。

有多种不同类型的厨房秤可供选择，从价格昂贵的特制咖啡秤（内置计时器并测量重量、时间和流速）到价格低廉、电池供电的厨房电子秤，应有尽有。如果预算不是问题，前者会给出精确的读数，这样每次都能确保重量的一致性。这些设备能将检测到的重量变化精确到0.1克，检测到蒸发的量并计算流量，有些甚至可以和手机同步，记录冲泡过程。

具备这种水准的秤不一定能冲泡出完美的咖啡。尽管上述功能很有趣，并允许你对冲泡方法进行适当的微调，但你真正需要的是一个可以精确到0.1克的厨房电子秤，并具有“去皮”功能，从而可以自动减去称重容器的重量，将秤重置为零。这种秤在网上和一些大型百货公司都可以买到。

压粉器和垫子

浓缩咖啡机和家用浓缩咖啡机需要一个好用的压粉器，它可以让你用足够的压力将咖啡粉压入手柄，为热水提供阻力。压粉器还可以使咖啡表面光滑，确保咖啡粉均匀分布。垫子提供了海绵状的表面，以便于轻巧地压下咖啡粉，同时也可以保护桌面，免于让手柄或咖啡粉在上面留下痕迹。

在购买压粉器时，要注意几点。首先，选择一个相对较重的压粉器，因为这样可以更容易地压紧咖啡粉。把手的大小应该很适合你的手，向下压的时候不会让你感到不舒服。在理想情况下，压粉器应该由金属制成；塑料压粉器经常不能充分压缩咖啡粉，用起来也不顺手。最重要的因素是压粉器的大小，要确保它的大小与你的手柄的大小严丝合缝。

温度计

这是另一件厨房必备品。主要用于避免牛奶在加热和起泡时烧糊或使人烫伤，也可用于测试水温，确保设备正常运行。

牛奶起泡器

虽然有些浓缩咖啡机都配有一根蒸汽棒，专门用于牛奶起泡，但大多的咖啡机并不包含牛奶起泡器。用其他方法煮咖啡时，许多人可能仍然想复制拿铁或卡布奇诺中起泡的牛奶。最常见的牛奶起泡器如下。

手动牛奶起泡器

这与法压壶的设计类似，需要上上下下地打压牛奶，使牛奶中产生气泡，从而使牛奶起泡。它没有加热元件，所以牛奶在起泡之前必须加热。操作它需要很多劳动，可能无法使牛奶充分起泡，但它价格实惠，可以很快地制作出起泡牛奶。

手持式牛奶起泡器

这种小巧、便宜的起泡器与手持微型电动搅拌机的工作原理相同，如果质量足够好，它可以制造出不错的起泡牛奶，不过成品的质地可能不太理想。

电动牛奶起泡器

只需把牛奶倒进这个管状器具，换上盖子，然后这个小工具就可以加热和蒸牛奶，使它起泡，达到所需的黏稠度和温度。这种起泡器一般含有一个电底座，用于为牛奶和不锈钢搅拌器加热。

牛奶起泡器

手动牛奶起泡器

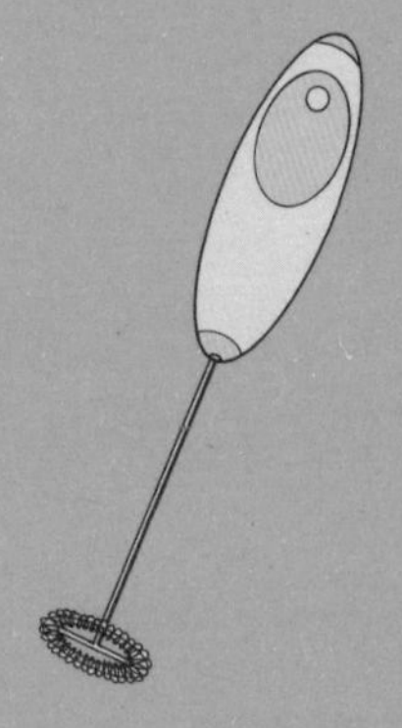

手持式牛奶起泡器

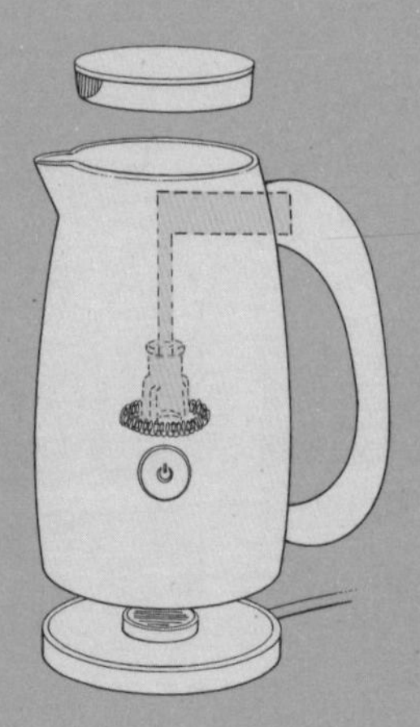

电动牛奶起泡器

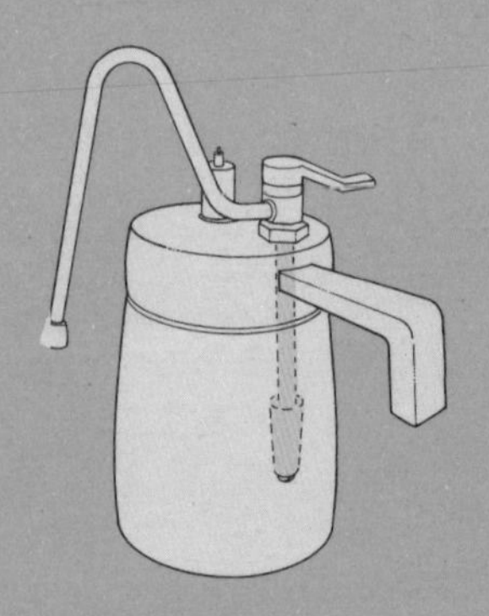

灶台牛奶蒸壶

灶台牛奶蒸壶

这是安装在浓缩咖啡机上的蒸汽棒，可以放在灶台上使用。这个小装置可以加热水壶里的水，从壶里伸出的加热棒释放蒸汽。这种起泡器的工作速度通常很慢，而且操作起来也比较危险，必须时刻注意压力阀，以免超过最大值。请严格遵循制造商的说明使用。虽然价格昂贵，但它确实能在家中制作出优质的泡沫牛奶，可以与浓缩咖啡机制作出来的相媲美。

咖啡杯的选择

纵观历史，人们已经用过数百种不同形状、大小和材质的容器来消耗咖啡。许多文化都有传统的咖啡供应和消费方式。但是这些用具的形状真的会影响到咖啡最终的味道吗？

陶瓷马克杯和陶瓷杯

数百年来，普通马克杯一直是西方文化的重要部分。马克杯是最传统和最坚固的一种饮用容器，在咖啡广泛流行之前，已经用于盛装酒精饮料、医药饮品和其他种类的饮料。其形状和大小是为了盛放大量饮料而设计的，早期用木头雕刻而成或用手工陶器制作而成。

现在的马克杯主要用瓷、骨瓷、陶以及其他种类的陶瓷制作而成。咖啡马克杯在世界各地的厨房中随处可见。它为什么这么受欢迎？也许因为可以购买任何你喜欢的尺寸、颜色或设计。或者可能因为这是最实用的用具之一——只要把你的杯子装满，就能尽情享受。不过，陶瓷杯的主要优点在于它的绝缘性能，相比其他材料制成的杯子，陶瓷杯的厚壁可以用来长时间保温。

一次性杯子

在现代世界中，大部分咖啡都是通过一次性纸杯、塑料杯或泡沫杯被消耗掉的。有些材质具有渗透性，有时含有可能危害人类健康的化合物，如双酚A（BPA），这些都是最不推荐用来装咖啡的容器。泡沫杯和塑料杯保温时间通常比纸杯长，但饮品和热量会腐蚀杯子，杯子中的化学物质可能会渗入咖啡中。

纸杯很容易流失热量，对这些产品使用周期的评估表明，考虑到洗涤、运输、处置和生产成本，纸杯对环境的影响比陶瓷或玻璃杯大得多。很多人都认为，用泡沫或塑料盛装咖啡，其味道会发生改变，而另一些人则认为相比陶瓷杯中的咖啡，他们更喜欢装在纸杯里的咖啡的味道。归根结底，这是个人喜好的问题。

可重复使用的外卖杯

近年来，为了回应公众的环保意识而形成的一种趋势，有些店家使用整齐划一、可重复利用的外卖杯。这种外卖杯是传统的纸制或塑料外卖咖啡杯的复制品，设计成可以盛装常规量的咖啡，但可以清洗和重复使用。这些质量更高的杯子通常由不含双酚A的塑料制成，可以使用500多次。随身杯（KeepCup）等品牌制作的可重复使用的标准咖啡杯，采用标准咖啡杯的大小和形状，以便配合浓缩咖啡机一起使用。

其他咖啡杯

小型咖啡杯是一种较小杯子，通常由制作普通咖啡杯或马克杯相同的陶瓷材料制成，用于盛装浓缩咖啡和土耳其咖啡。在法语中直译为“半杯”，通常容量约为2～3盎司（¼～⅓杯）。

与陶瓷杯相比，玻璃杯不太受欢迎。在澳大利亚和其他一些国家，拿铁是用中等高度的玻璃杯提供给消费者的，其中有些玻璃杯类似于水杯，而其他咖啡马克杯或玻璃杯带有杯柱和底座，并装有把手，例如那些盛装带有酒精的爱尔兰咖啡的杯子。

金属是制作热饮容器的原材料之一，至今仍在使用。但是，因为金属会传导热量，金属杯很难握住。传统的土耳其咖啡杯有些是用金属制成的，不过现在大多数都是瓷制的，它们通常会用漆或锡纸装饰。有些土耳其杯仍然维持传统，由铜等金属制成，通常带有精致的细节和图案。

保温瓶和玻璃瓶

人们发明了各种方法来确保热饮可以保持热量，同时避免将壶放在热源上。热源会导致咖啡过度萃取，因此选择保温材料来制作饮用容器。然而，真正的突破来自真空瓶或保温瓶的发明。它包括两个瓶子，一个小瓶子在一个大瓶子里面，在它们之间有一个真空的空间，用来防止热量的传递和损失。这样可以长期储存咖啡或任何其他高温液体并保持温度。热水瓶的工作原理大致相同，尽管有时它们只是由较厚的绝缘材料制成。玻璃水瓶主要用于盛装，而保温瓶的主要用途是运送热饮。

咖啡杯

土耳其咖啡杯

爱尔兰咖啡杯

小型咖啡杯

第六章

如何制作咖啡

制作咖啡

既然已经探索了咖啡冲泡背后的学问，本章将逐步指导你将这些知识应用到实践中，使用多种主流的冲泡方法制作出完美的咖啡。

本书的前几章涵盖了咖啡的不同性质，也解释各种可能影响其特性和风味的因素，包括咖啡豆的种类以及生长区域、烘焙程度、研磨、冲泡方法和温度。除此之外，你还可以通过多种方式来准备和供应咖啡，根据文化和所用设备的不同而有所差异。以上这些还是在你把个人喜好带入制作之前。个人喜好包括冲泡的浓淡，偏苦还是偏甜，果味还是花香，与冷牛奶还是热牛奶一起食用，不带泡沫还是带泡沫，加糖还是用豆蔻或肉桂调味。

按照重量测量配料是获得完美咖啡的最准确方法，因此，如果可以的话，从厨房用品专卖店或一些大型百货公司的厨房用品专区购买带有公制（以克为单位测量比以盎司为单位测量更精确）的厨房电子秤。找一个带有“去皮”按钮的厨房秤，它可以减去碗或其他容器的重量，可以精确地了解添加的配料的重量。这些配方只是一个起点，它们可以帮助调整和更改冲泡方法，以满足你自己的需求。

牛仔咖啡

这是最简单的咖啡冲泡方法之一。它通过水煮萃取咖啡，水和咖啡粉在壶里一同煮沸几分钟便制成了粗制的咖啡。这种方法非常适合野营或背包旅行，因为小型研磨机足够小巧，可以随身携带，也不需要精确测量咖啡的用量。在最坏的情况下，还可以买新鲜烘焙的咖啡豆，在离家前粗磨。

你需要：

磨盘式研磨机、量勺、大马克杯、壶、火源、计时器、咖啡杯、水、现烤咖啡豆。

制作方法：

1 用磨盘式研磨机粗磨咖啡豆。

2 1杯冷水（220g/不到1杯）搭配2大汤匙的研磨咖啡。将冷水倒入壶中。

3 将水烧开，静置30～60秒，让温度的稍稍下降。

4 将咖啡放入热水中搅拌，使咖啡吸收水分。

5 让壶静置2分钟，然后再次搅拌，之后再静置2分钟。盖上壶盖，保存热量。

6 咖啡渣此时应该已经沉入壶底，无须太去搅动水，小心地将咖啡倒入杯子。如果有咖啡渣流入杯中，静置杯子30秒左右，让其沉入杯底。

牛仔咖啡的制作方法

土耳其咖啡

这种传统的冲泡方法，采用煮的方式制作出口感丰富、色深、浓郁的咖啡。家用刀片式研磨机和磨盘式研磨机很难能把咖啡磨得足够细，但是如果你找不到一台专门的土耳其研磨机，那就把咖啡磨得尽可能细一些。

你需要：

伊布里克（土耳其咖啡壶）、带有公制的电子秤、土耳其咖啡杯、火源、勺子、土耳其手动咖啡研磨机、水、现烤咖啡豆，糖（可选）。

制作方法：

1. 将咖啡壶放在秤上称毛重或清零。土耳其咖啡杯装满冷水，然后倒入壶里，这就是所需要的水量。水应该刚好到达壶颈。如果有必要，可以添加更多的水，但要确保水位不会高于壶内标记的水位线。记下水的总重量。
2. 将壶放在热源上，然后将水加热到温热。
3. 咖啡粉的用量要略多于法压壶（见第154页）所需的量，每100克（不足½杯）水搭配8克（约5茶匙）咖啡粉。可以根据自己的喜好调整咖啡粉的用量，但是请注意，用土耳其咖啡的制作方法会制作出味道相对浓郁的咖啡。
4. 用土耳其手动咖啡研磨机将咖啡研磨成细粉。
5. 将咖啡粉倒在水面上，不要搅拌。如果想加糖，现在可

土耳其咖啡的制作方法

以加在咖啡粉的上方。

6 用小火加热咖啡壶，几分钟后就会发现咖啡在壶颈泛起泡沫。握住手把，将壶从火源上拿下来，让泡沫消退。

7 泡沫消退后，重复第6步。然后，可以再重复一、两次，或者到此为止。咖啡制作过程可以进行不同尝试，以适应你的偏好。如果你愿意，可以在每次咖啡泡沫消退时搅动它。同样，在制作咖啡时，你可以尝试搅动或不搅动，并比较结果。

8 大部分咖啡在这个阶段都会沉到壶底。倒咖啡时，每个杯子先倒一点，然后回到第一个杯子，重复这个过程，直到每个杯子装满为止。

9 喝咖啡之前，先等几分钟，让泡沫和咖啡渣沉淀下来。

滴漏或过滤咖啡

滴漏或过滤咖啡的制作方法有不少，其中一些方法能制作出品质上乘的咖啡。在美国，使用自动滴漏咖啡机是最流行的咖啡冲泡方法之一，对于家庭来说也是一个简便的选择。用手冲、单杯滴滤器等其他方法制作的咖啡，会在专门的咖啡吧以高价出售。

“对于所有采用滴漏方法制作的咖啡来说，每升（千克）水使用60～65克咖啡——按这个要求称重。如果咖啡口味太淡，有青草味或酸味，就将咖啡研磨得更细。如果咖啡太浓或太苦，请使用粗磨的咖啡。”

马修·佩尔格
世界冠军咖啡师，圣阿里与感官实验室，澳大利亚

自动滴漏式咖啡机

虽然使用自动滴漏式咖啡机不一定能冲泡出口味一致或高品质的咖啡，但这是一种不费太多精力的咖啡制作方法。不过，还是有几种方法可以确保用咖啡机制作品质最好的咖啡。

你需要：

自动滴漏式咖啡机、滤纸（如需要）、壶、厨房电子秤、磨盘式研磨机、勺子、咖啡杯、水、现烤咖啡豆。

制作方法：

1 按照制造商的说明书设置滴漏式咖啡机。如果需要用滤纸，就烧一些开水，将开水倒入放好的滤纸，然后将水

自动滴漏咖啡的制作方法

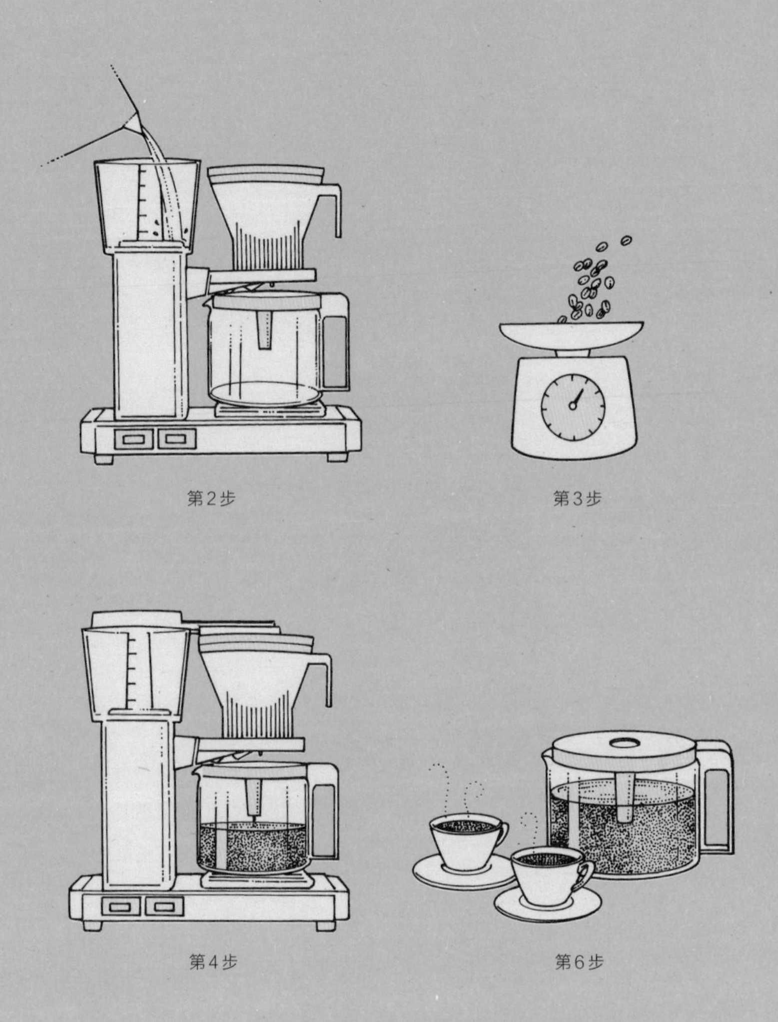

倒掉，这样可以冲洗掉一些纸的味道，这些味道可能会带进咖啡里。

2 按照说明书将水倒入水箱。

3 根据水量多少来测量咖啡豆：每 1千克（或升）水需要60～65克咖啡豆（见下方说明），如果想要更淡或更浓的咖啡，可以根据个人喜好进行调整。用磨盘研磨机将咖啡豆磨成中等程度，放入滤纸。

4 打开咖啡机。

5 咖啡机完成冲泡过程后，将咖啡从热源上拿下来。一直把咖啡放在热源上会让它变苦，影响咖啡的口感。

6 立刻提供给顾客，或放在玻璃瓶中，最多放10分钟。

手冲咖啡

手冲单杯滴滤器有各种形状和尺寸。过滤纸放在锥形滴漏内，滴漏的底部有一个开口。将沸水倒在咖啡上，咖啡便滴入下方的容器中。用这种方法制作的咖啡要比自动滴漏咖啡机制

水的用量

如果水的计量单位为毫升或克，100毫升水相当于100克水（即1汤匙，少半杯）。因为肯定要给咖啡豆称重，因此用重量来确定水的用量也比较容易。与其他冲泡方法一样，每1千克（约4⅓杯）的水应使用60～65克（约¾杯）的咖啡豆。因此，一杯咖啡中咖啡豆和水的用量通常是14到15克（约3汤匙）的咖啡豆搭配240克（1杯）的水。

作的咖啡好得多，因为可以自己控制精确的水温和冲泡时间。

你需要：

大小和形状刚好可以适合锥形滴漏的过滤纸，手冲滴漏过滤器，容器、壶、电子厨房秤、磨盘式研磨机、勺子、咖啡杯、水、现烤咖啡豆。

制作方法：

1 将滤纸放入锥形过滤器中，并将过滤器放在容器上方。用水壶将水烧开。在加入咖啡之前，将热水倒在整个滤纸上，冲洗滤纸。在开始冲泡之前把水倒掉。

2 称出所需的咖啡豆，用研磨机将咖啡豆研磨成中等程度粗细。把磨好的咖啡放在过滤器里。

3 将过滤器、滤纸和容器放在秤上，然后去皮或将秤设置为零。

4 将水壶里的热水倒入咖啡粉，使所有咖啡粉浸湿，从中间开始，以同心圆的形状倒水。水量控制在刚刚好可以浸湿咖啡粉的程度，让咖啡粉“开花”或产生泡沫，这个过程要持续30秒。

5 继续将水均匀地呈圆形向外倒入过滤器边缘，直到达到正确的咖啡粉和水的比例。

6 手冲咖啡应该需要几分钟的时间才能完成，之后就可以饮用新鲜出炉的咖啡了。

手冲咖啡的制作方法

第1步　第3步　第4步　第6步

渗滤式咖啡壶

渗滤式咖啡壶在很大程度上已经被滴漏式咖啡机所取代，但仍然有人用它在家煮咖啡，而且在野营或徒步旅行时这种咖啡壶也很受欢迎。使用时可以用电或炉灶，它的工作方式是将热水喷洒在磨碎的咖啡豆上，在滤器的底部收集萃取的咖啡，以便饮用。

你需要：

咖啡渗滤壶、厨房电子秤、磨盘式研磨机、水、现烤咖啡豆。

制作方法：

1 将咖啡杆放入过滤壶的底部。

2 在底部的储水罐中注入水，水位要刚好低于过滤篮卡在咖啡杆的位置上。

3 将过滤篮放在咖啡杆上。

4 每杯咖啡称15克（略少于¼杯）咖啡豆，用研磨机粗磨咖啡豆。把磨好的咖啡粉倒入过滤篮。

5 将盖子放在咖啡壶上。

6 将咖啡壶放在热源上加热。如果使用的是电动咖啡壶，请将开关打开。

7 待水沸腾后，开始冲泡。咖啡壶将开始“过滤”（发出喷射的声音）。当这个声音开始减弱时，咖啡就做好了。

8 立即饮用。

渗滤式咖啡的制作方法

虹吸式/真空式咖啡制作方法

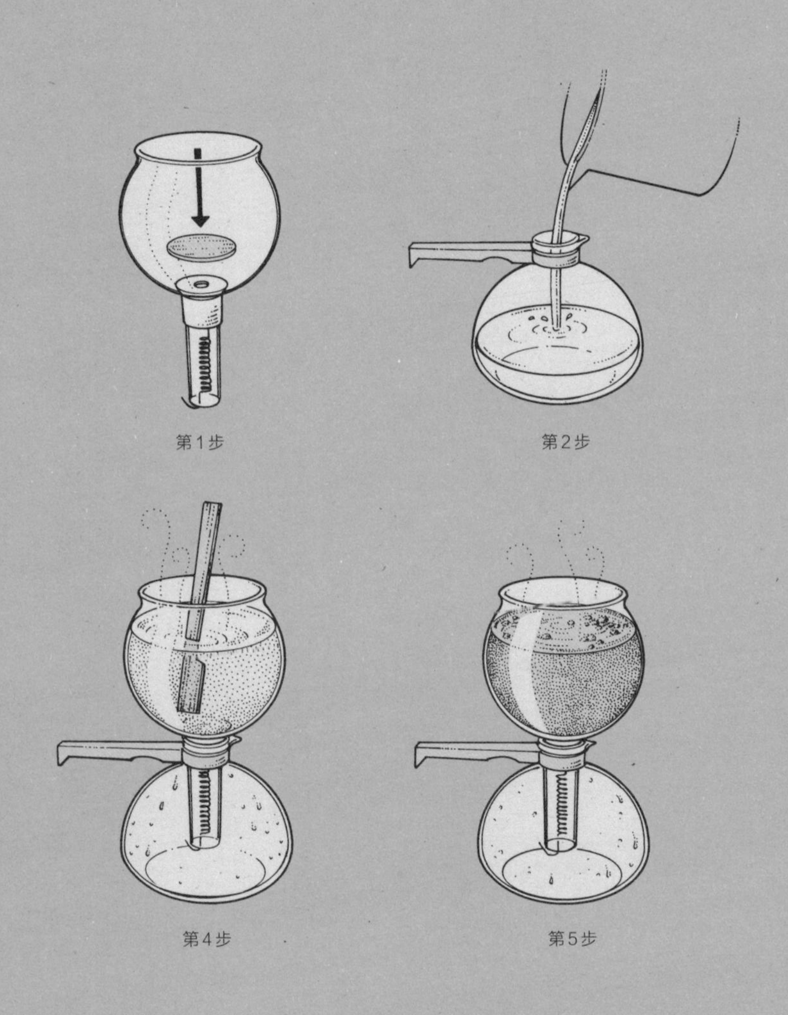

虹吸式/真空式咖啡壶

这种咖啡壶利用水蒸气的膨胀和收缩来工作，通过交替变化的温度让热水通过咖啡粉。与其他冲泡方法相比，这种方法需要投入更多精力，但制作出的咖啡清澈、爽口。

你需要：

虹吸式/真空式咖啡壶、厨房电子秤、热源、磨盘式研磨机、勺子、竹制搅拌器，咖啡杯、水、现烤咖啡豆。

制作方法：

1 根据制造商的说明书设置咖啡壶。将过滤器浸泡在温水中，然后把它放在正确的位置上。

2 根据咖啡壶容的量添加300～400克（1¼～1⅔杯）水。把咖啡壶放在热源上加热。

3 称25克（约⅓杯）咖啡豆，用研磨机把它们磨成中细的粉末。

4 当水转移到最上方的容器时，水温应接近95℃。使用竹制搅拌器确保过滤器安装到位，将现磨的咖啡添加到最上方的容器中，轻轻搅动水，使咖啡粉在几秒钟内完全浸入水中。

5 把温度稍微降低至90℃，但不要让温度降到导致咖啡过早下降的程度。不要搅拌，让咖啡煮1分钟，咖啡中的气体会排出并起泡。注意不要让水烧得太快。

6 从热源上取下咖啡壶。用搅拌器将咖啡的浮渣拨开，咖啡进入下方的容器中。取下虹吸管/真空容器，饮用咖啡。

摩卡壶

这种咖啡壶在意大利使用居多，也被称为浓缩咖啡壶（espresso pot），这可能是在家冲泡咖啡最流行的一种方法。它依靠的是蒸汽加压，让沸水通过咖啡粉。

你需要：

水壶、摩卡壶或浓缩咖啡壶、磨盘式研磨机、勺子、热源、咖啡杯、水、现烤咖啡豆。

制作方法：

1 用水壶将水烧开，将下方容器灌满，把开水灌到蒸汽阀的位置。

2 与此同时，用磨盘式研磨机将咖啡豆研磨得较细，直到有足够的量可以填满漏斗（见第4步）。

3 将漏斗过滤器放入咖啡壶，确保水没有溢过阀门。如果需要，可以倒出一些水。

4 用细磨的咖啡粉填满漏斗，此时咖啡会形成圆形屋顶状。轻敲桌面，使漏斗中的咖啡粉均匀分布。

5 在没有将咖啡粉压紧的情况下，确保橡胶垫圈就位，然后将咖啡壶的上半部分拧到底部容器上。

6 把咖啡壶放在炉子或其他热源上加热，但要避免加热到把手。

7 5～10分钟后，咖啡壶就开始发出咕嘟声。在第一次听到这个声音10～15秒后，把壶从热源上移开，咖啡会继续渗透一段时间。渗透完毕后就可以饮用了。

用摩卡壶制作咖啡的方法

浓缩咖啡机

浓缩咖啡是最受欢迎的咖啡萃取方法之一，有很多机器可以用来提取浓缩咖啡。咖啡专业人士推荐的咖啡用量和时间因烘焙方式、咖啡豆、风格和个人口味的不同而有显著差异。作为参考，下面给出的重量和测量数据是由英国伦敦的咖啡烘焙商克林普森与桑斯（Climpson & Sons）提供的，这是他们经过了大量试验和测试的结果，也用于他们的咖啡师培训班。

浓缩咖啡的重量及测量数据

每杯咖啡 18～21克

萃取的重量 26～30克

萃取时间 25～30秒

你需要：

搭配两个手柄和冲煮头的浓缩咖啡机、磨盘式研磨机、厨房电子秤、勺子、压粉器和垫子、计时器、咖啡杯、水、现烤咖啡豆。

制作方法：

1 让水通过机器，不带手柄，冲掉所有残留的咖啡渣。

2 用研磨机把咖啡豆磨细，然后从手柄上拆下粉碗。使用电子秤称出放在粉碗中的咖啡粉，确保重量在上面规定的范围内。

3 调整咖啡粉，使其均匀分布。由于水会沿着阻力最小的路线流动，如果咖啡粉分布不均匀，水将流过压实度最小的一侧，导致一些咖啡粉过度萃取，一些咖啡粉未充分萃取。

用浓缩咖啡机制作咖啡的方法

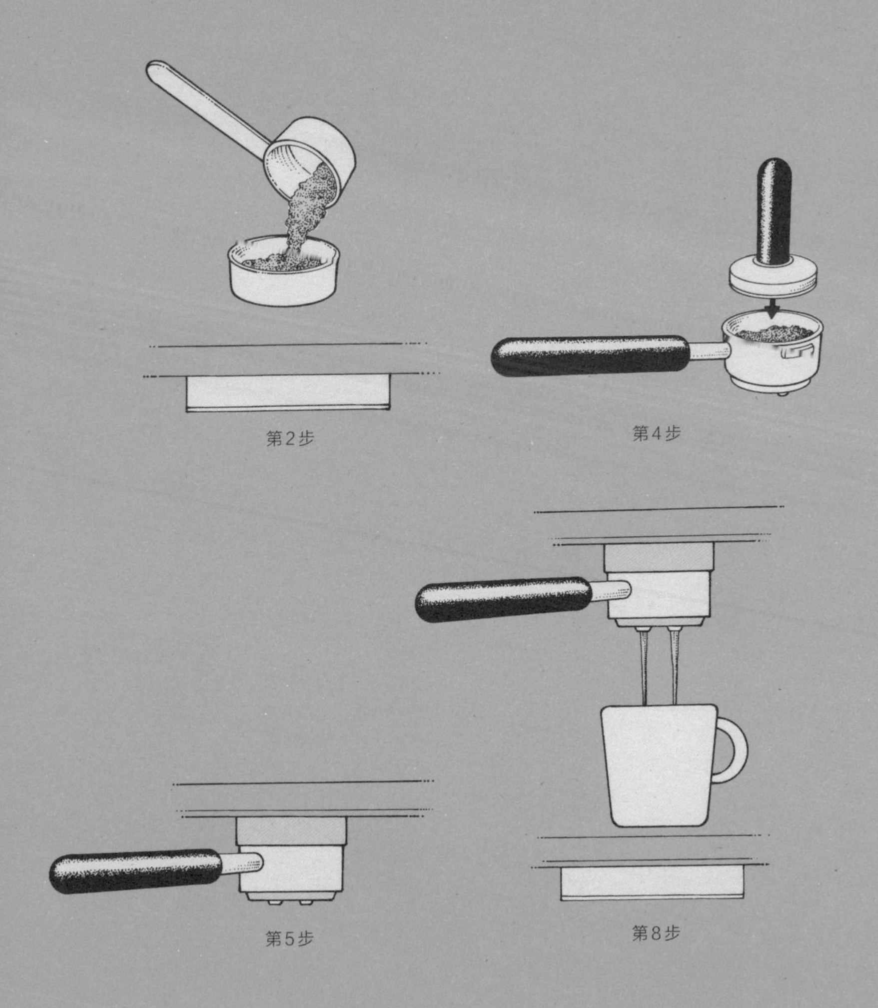

4 将粉碗卡入手柄，然后将手柄放在垫子上，用压粉器压住咖啡粉向下用力（见下方方框里的文字）。
5 将冲煮头放进浓缩咖啡机，拉紧。
6 将咖啡杯放在秤上，置于冲煮头下方。去皮或把秤调零。
7 按下按钮开始萃取，同时按下计时器。
8 等待咖啡萃取，注意重量和时间。萃取的重量应为26～30克，萃取时间应在25～30秒。如果在25～30秒的时间范围内，咖啡的重量超过30克，需要把咖啡豆磨得更细，以减慢萃取速度。如果在25～30秒的时间范围内，咖啡的重量小于26克，则咖啡豆需要研磨得更粗，加快萃取速度并防止过度萃取。

力士烈特（Ristretto）

力士烈特是最受争议的咖啡之一。这种咖啡最初是用一台手

压粉的科学

许多咖啡培训师都会教授如何用精确的压力压实咖啡粉。然而，家庭咖啡师很难把握这种压力的大小。为了尽可能接近理想状态，可以用手掌握住压粉器的上方。将拇指和食指放在压粉器底部的另一侧，然后将压粉器放入手柄的粉碗中。让拇指和食指触到手柄和粉碗的边缘，确保压粉器是笔直方向。将手柄放在足够低的柜面上，这样就可以利用体重按压它。把咖啡压下去，最终在压粉器中转圈，使咖啡的表面平滑。用手刷掉把手边缘的咖啡粉，然后再往下压四次，重点放在北部、南部、东部和西部点（被称为“斯托布压粉法”，以确保咖啡粉的每部分都被均匀的压实。最后，将压粉器转圈放入粉碗，让咖啡粉表面呈平滑的状态。

动浓缩咖啡机制作的，仅需要拉动两次手柄，速度是传统浓缩咖啡的两倍。力士烈特的意大利语名翻译为“被限制的”，这种浓缩咖啡的味道更突出，而且不是很苦。制作这种咖啡有不同的方法，这里介绍的两种方法是最容易在家实现的。这种制作浓缩咖啡的方法不是很流行，因为它去除了萃取结束时的可溶性物质。尽管这些焦糖和干馏物可以增加醇度和风味，但它们也加重了苦味。

什么是黄变？

随着时间的推移，水会萃取不同的化合物，来自冲煮头的咖啡的颜色会发生变化。它一开始呈深棕色和糖浆状，然后在萃取过程中变淡，直到达到一个被称为“黄变”的阶段，流出咖啡由淡褐色变为淡黄色。有一个错误的说法认为，这时应该停止萃取浓缩咖啡，但有许多化合物的萃取是发生在这个阶段的，以平衡咖啡的口感。

慢萃取法

按照浓缩咖啡机的说明进行设置和萃取，可将咖啡豆磨得稍微细一些，这是最好的选择；也可以使用更多的咖啡粉。这将减慢萃取的速度，也就是说，制作时间将比标准的浓缩咖啡短（受到限制），但口味会较浓，颜色也更深。

速成浓缩法

按照浓缩咖啡机的设置和萃取说明进行操作，直到最后一步。在最后一步中，将萃取时间缩短¼，在开始变黄时停止萃取（见上面的方框）。

制作浓缩咖啡饮料

美式咖啡（Americano）

据说美式咖啡是为了在欧洲的美国军人发明的，意图将浓烈的欧洲浓缩咖啡变成他们在家里习惯喝的饮料（这个故事真实与否尚不清楚）。

首先，萃取一杯30克（2汤匙）的普通浓缩咖啡，把它倒入一个大杯子中。在浓缩咖啡中加入120克（½杯）的热水，边尝边继续稀释，直至理想的浓度。

澳式黑咖啡（Long Black）

这种咖啡在澳大利亚和新西兰很受欢迎，与美式咖啡相反，它的制作方法是在杯子里倒入热水，然后将一杯浓缩咖啡倒入热水中，这样就保留了咖啡最上层的油脂。

拿铁（Latte）

将一杯30克（2汤匙）的浓缩咖啡倒入拿铁玻璃杯或马克杯中，杯子的容量范围是从170～220克（¾～1杯）。将玻璃杯或马克杯稍稍倾斜，拉花奶壶放在容器边缘上方几英寸处，开始在容器的最高点处，也就是咖啡最浅的部分倒入加热过的起泡牛奶。如果从较高的角度开始倒牛奶，会把牛奶倒入油脂下方。将奶壶稍微划圈移动，装满杯子的⅓。把奶壶放低一些，使其更靠近容器边缘。然后，用拇指和食指松松地握住奶壶，把容器向上举到起点的位置，左右轻轻地晃动奶壶，同时让将泡沫或牛奶直接向下流入容器。此时应该形成一个羊齿植物状的图案，当牛奶到达底部时，再次快速地向上拖动牛奶完成图案。需要一些练习才能在杯子倒满的时候做到这一点。

关于拿铁中咖啡和牛奶的比例，人们一直争论不下，我们应该将重点放在个人喜好上，并以此为依据去稀释意大利浓缩咖啡上。最常见的是由意大利浓咖啡、牛奶和半英寸左右的泡沫组成。

短笛拿铁（Piccolo Latte）

这是一种口味浓厚的迷你拿铁。这种浓缩咖啡饮料通常装在普通容量一半大小的浓缩咖啡杯或玻璃杯中。它的制作方式与拿铁咖啡的相同，但使用的咖啡与牛奶的比例是1:1——一份意大利浓咖啡搭配一份蒸牛奶，上面有一层泡沫。不同的国家对这种饮料有不同的名称，比如在法国它叫榛子咖啡（café noisette，意为像榛子般大小的咖啡，并非带有榛子味。——译者注）

卡布奇诺（Cappuccino）

你可能需要选择一个比拿铁杯小一些的杯子制作卡布奇诺，卡布奇诺杯通常又浅又宽，容量约为180克（¾杯）。同样从30克（2汤匙）浓缩咖啡入手，然后用与制作拿铁相同的手法移动（见上文）。卡布奇诺的牛奶和泡沫比拿铁要少，所以倒牛奶的速度要更快，以便转移更多的小泡沫。如果要在上面加一些无糖可可粉，当装满杯子⅓时停止加牛奶，在咖啡的顶部加一层可可粉后继续，在巧克力中创造出羊齿植物状图案。

如果没有产生足够的泡沫，还可以“作弊”，当杯子半满时停止倒牛奶，然后用勺子舀一些泡沫上去。依不同地区或咖啡馆的特殊习惯，浓缩咖啡、牛奶和泡沫之间的比例存在很大差异。美国精品咖啡协会只是简单地将完美的卡布奇诺定义为“和谐平衡”，并没有指定确切的比例。

在美国、英国和澳大利亚等国家，卡布奇诺杯通常很大，而在欧洲，卡布奇诺在传统上被认为是⅓杯饮料。在法国购买一杯卡布奇诺，你将得到一杯由⅓意大利浓咖啡，⅓牛奶和⅓泡沫组成的饮料。理想情况下，卡布奇诺应该比拿铁更浓。

玛奇朵（Macchiato）

这是另一种经常被误解的浓缩咖啡的变体。它的意大利语名翻译过来为“斑点”，可以直接按照字面意义处理牛奶。首先用选择好的杯子制作一杯30克（2汤匙）的浓缩咖啡，然后在上面加入少量泡沫牛奶，使咖啡表面看起来斑斑点点。一些咖啡馆的咖啡师会以这种传统的方式供应玛奇朵，但其他人会把咖啡“加满”牛奶，使其更接近短笛拿铁。

可塔朵（Cortado）

这种咖啡在西班牙和葡萄牙很受欢迎，它类似于玛奇朵，但不是在意大利浓咖啡中加上少量泡沫，而是添加了一些蒸牛奶来减少酸度。

馥芮白（Flat White）

这种咖啡原产于澳大利亚和新西兰，通常装在比卡布奇诺杯小一点的陶瓷杯中。基底是30克（2汤匙）意大利浓咖啡，用制作拿铁咖啡的方式倒入天鹅绒般的混合泡沫，但速度要稍微慢一点，以减少厚泡沫，在刚好处于边缘时停止。馥芮白比拿铁更浓，因为牛奶与浓缩咖啡的比例更低。实际上它没有多少泡沫，只是刚好覆盖咖啡的顶部，但稍稍拨开泡沫应该可以看到牛奶。

摩卡（Mocha）

传说这种饮品是以也门的一个海港城命名的，那里以出口有着独特巧克力风味的咖啡豆闻名。另有一种说法称摩卡是美国发明的，它将受欢迎的热巧克力和拿铁混合在一种饮料中，就像将其他调味糖浆（如焦糖）添加到咖啡中一样。无论如何，这是一种味道香甜、含咖啡因的热饮料，受到全世界的欢迎。它的制作方法与拿铁的制作方法相同，唯一的区别是在加入牛奶之前，将1～2茶匙可可粉加入浓缩咖啡中搅拌。摩卡通常会使用陶瓷杯，液体表面撒上些无糖可可粉。

阿芙佳朵（Affogato）

“阿芙佳朵”翻译过来是“溺水”的意思，其制作方法是将一勺冰激凌放在一个浓缩咖啡杯中，倒入一杯浓缩咖啡，使冰激凌稍稍融化。这是一种在意大利常被用作甜点的饮料。人们用勺子吃凝固的冰激凌，融化的冰激凌和浓缩咖啡则用于饮用。

克烈特（Corretto）

其意大利语可翻译为“被纠正的”。这种咖啡也是一种作为甜点在意大利流行的饮料。制作只需一杯浓缩咖啡加上一杯酒，通常是森伯加（sambuca，一种利口酒）、白兰地或格拉帕（grappa，意大利白兰地）。

法压壶

这是一种简单的冲泡方法。首先浸泡咖啡粉，然后将过滤器推入咖啡，去除咖啡粉，完成萃取。

你需要：

水壶、法压壶、厨房电子秤、磨盘式研磨机、勺子、定时器、咖啡壶（可选）、咖啡杯、水、现烤咖啡豆

制作方法：

1. 把法压壶装满热水，让它预热。
2. 根据你使用的法压壶的大小和喜欢的浓度称出足够的咖啡豆。一开始可以用每100克（不到半杯）的水搭配5～7克（约1汤匙）的咖啡。
3. 粗磨咖啡豆。
4. 将水煮沸，冷却30秒～1分钟，直到水温刚好低于沸点。
5. 同时，清空法压壶中的热水，加入咖啡粉，然后放在厨房秤上，去皮或调零。将计时器设置为4分钟。
6. 从上方把热水倒进壶里，没过咖啡，使之达到所需的重量。搅拌，确保壶里没有干燥的咖啡，然后启动计时器。
7. 把盖子放在法压壶上，但先不要向下推，这有助于保持壶里的热量。
8. 3分45秒后，取下盖子，并用勺子把咖啡粉从上面刮下来。这可以减少杯中的沉淀，防止过度萃取。

用法压壶制作咖啡的方法

9 把盖子放回咖啡壶，然后往下推。静置几秒钟，之后立即饮用。如果咖啡不能立即饮用，请把它倒入另一个咖啡壶，以避免过度萃取。

沉淀物

许多种类的咖啡在萃取后会在杯子里留下细小的沉淀物。这几乎是不可能避免的，因为较粗糙的咖啡粉通常会导致萃取不足，拧紧过滤器或过滤网会阻碍咖啡流动，并过滤出对香气和风味重要的不可溶固体或油脂。

人们设计了许多方法来减少沉积物。法压壶的设计就是为了尽可能多地分离咖啡渣，其方法就是通过在冲泡过程中将过滤器向下推来过滤咖啡渣。然而，由于过滤网的孔径相对较大，咖啡中仍会有一些沉淀物，尽管这有利于保留冲泡过程中所有的芳香油。凯梅克斯咖啡机搭配的是较厚的滤纸，在允许许多芳香油通过的同时，可以过滤掉大部分沉淀物。真空冲泡法是另一种产生较少沉淀的方法，并且可以使很多油脂进入最终的饮品中。

对于大部分冲泡方法来说，减少沉淀最简单的方法是让煮好的咖啡静置一分钟，使所有沉淀物在倒咖啡之前沉淀下来。咖啡中不可避免地会留有少量的沉积物，而大部分沉积物会留在杯底，因此只需避免喝掉最后一口就可以了。

另外，还需要检查和调整咖啡的研磨程度。如果研磨得太细，可能会导致过多的沉淀物通过过滤装置。不过，判断到底多少沉淀物是合适的不是件容易的事，因为不同的冲泡方法会在杯子里留下不同量的沉淀物。最好的方法是先根据味道和杯型冲泡咖啡，然后调整研磨程度或过滤方法以减少沉淀物，而不是先尝试减少沉淀物，然后集中精力来达到理想的口味。除非咖啡会静置很长时间，否则沉淀物在任何情况下都不会对咖啡的味道产生不良影响。因此，这是在追求理想的咖啡时最不用担心的事情之一。

爱乐压

这种咖啡机采用浸泡法，使用压杆和精细的滤纸来萃取咖啡。爱乐压上的数字对应的是咖啡用量以及水量，每勺咖啡对应一杯咖啡，例如，对于2勺（2杯）咖啡来说，需要将爱乐压机注满水，直到它达到数字“2”为止。在用水壶加热水之前，也可以用爱乐压测量水量。

你需要：

厨房电子秤、磨盘式研磨机、爱乐压咖啡机和精细的滤纸、收集容器（杯子、马克杯或水罐）、水壶、定时器、水、新鲜烘焙的咖啡豆。

制作方法：

1 测量咖啡豆，用研磨机将它们磨得比浓咖啡略细。使用爱乐压附带的勺子来测量咖啡粉——每勺咖啡粉能制作约17克（略少于3汤匙）的咖啡。

2 将滤纸放入爱乐压的过滤盖中，用热水冲洗。接着用热水冲洗咖啡机的冲泡容器，进行预热。将过滤器拧到冲泡区域上，并将冲泡容器放在收集容器上。

3 把咖啡粉放进冲泡容器里。那里有一个咖啡机附带的漏斗，可以把它放在上面，这样更容易把咖啡粉倒进去。

4 把测量好的水放在水壶里煮沸，之后静置30～60秒，把温度降到刚好低于沸点。理想的水温为75℃～80℃。

5 把热水倒一点在咖啡粉上，将其浸湿。使用爱乐压附送

用爱乐压制作咖啡的方法

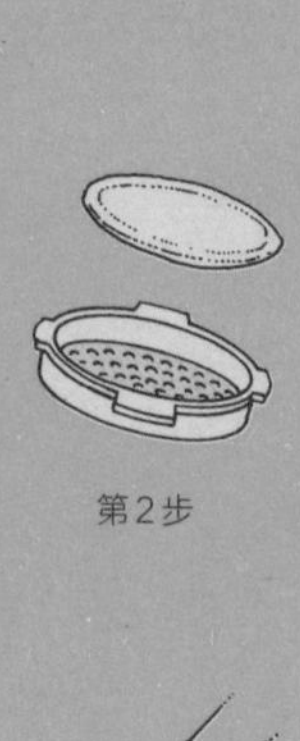

第2步

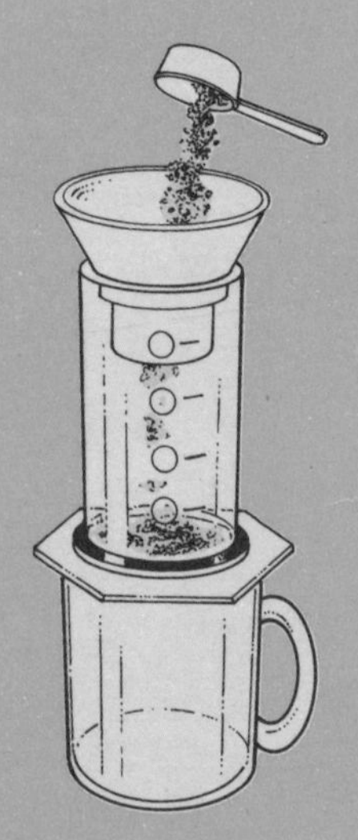

第3步

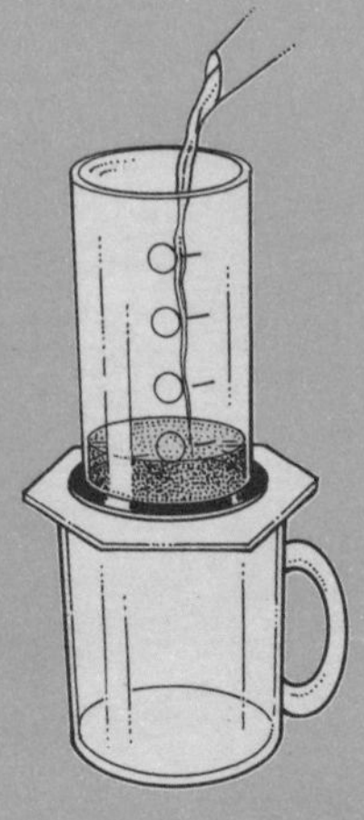

第6步

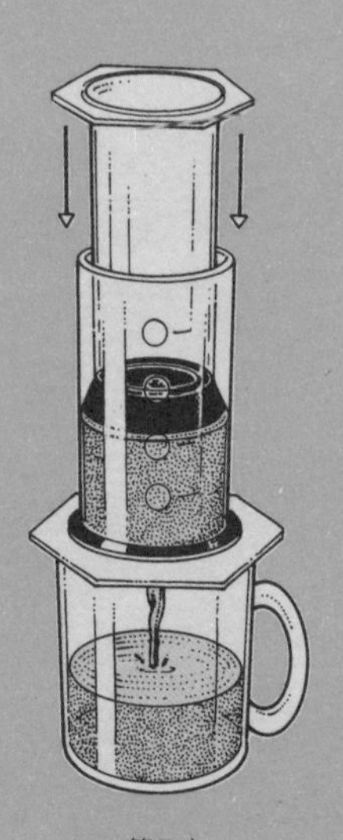

第7步

的搅拌棒搅动咖啡粉约20秒。

6 倒入剩余的热水，用几勺咖啡就到达与之相等的数字线。

7 将压杆周围的黑色橡胶圈弄湿，并放入爱乐压的顶部。慢慢按下压杆，把咖啡萃取物收集到容器里。

8 当爱乐压发出“嘶嘶”的声音时，停止按压，从收集容器上移开咖啡机。如果很容易就可以将压杆压下去，咖啡可能研磨得太粗，反之，如果不容易压下去，咖啡粉可能研磨太细。下次制作时可以相应地调整研磨程度。

9 用热水把咖啡稀释到喜欢的浓度，然后就可以饮用了。

冷萃咖啡

冷萃咖啡（Cold Brew）通常在一夜的时间里制作成浓缩液，然后在供应时稀释。冷萃的优点是可以将浓缩液冷冻两周或更长时间。两种制作方法如下：

托迪或菲尔醇冷萃

你需要：

厨房电子秤、磨盘式研磨机、托迪或菲尔醇咖啡机、勺子、咖啡杯、1.655千克（7杯）水、340克（约4¾杯）现烤咖啡豆。

制作方法：

1. 用研磨机粗磨咖啡豆，磨出的豆子应具有面包屑的纹理。
2. 将塞子插入容器底部。用冷水浸湿过滤器并将其放入容器中。
3. 在容器中加入235克（1杯）水和一半的咖啡粉。再以画圆的方式倒入710克（3杯）的水，要确保浸湿所有咖啡粉。加上剩余的咖啡粉，静置5分钟。
4. 慢慢地加入剩余的710克（3杯）水，不要搅拌，轻轻地将所有的咖啡粉压下，使其全部浸湿。根据喜欢的浓度，浸泡12～18小时。
5. 萃取完成后，取下容器上的塞子，容器的大小要足够盛放咖啡。将咖啡过滤后储存在冰箱里。
6. 在供应咖啡时，用水或牛奶将咖啡稀释至所需浓度，可以从1∶1的比例开始。想喝杯冰咖啡时，可以准备一些咖啡糖浆和牛奶，将它们直接倒到冻结的咖啡冰上即可。

冷萃咖啡的制作方法

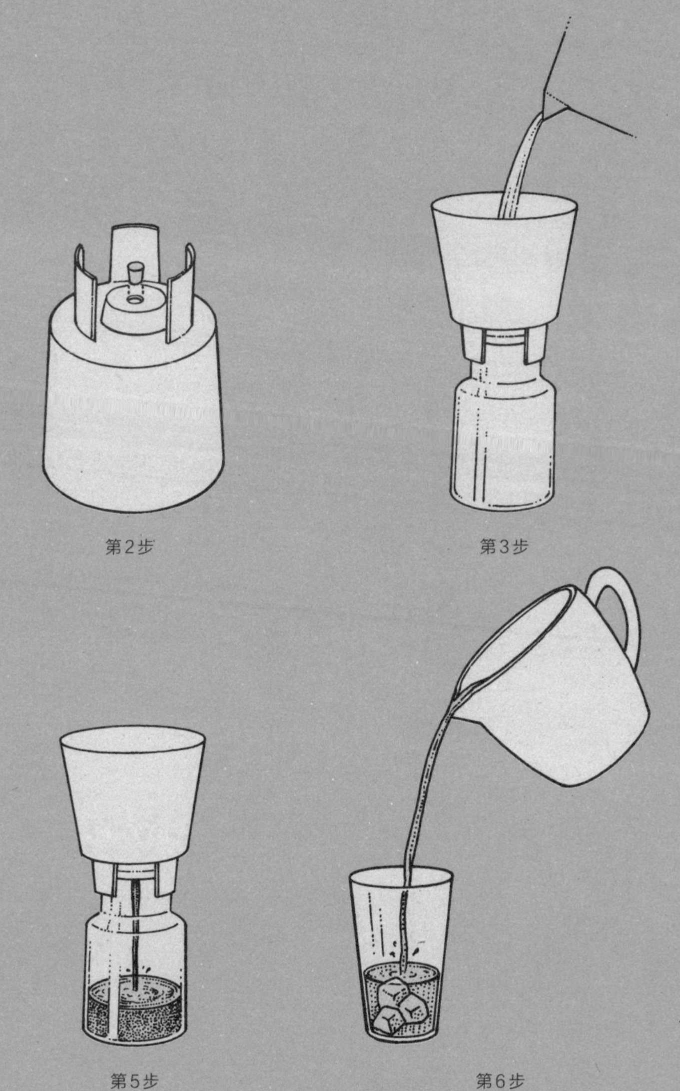

浸泡法

你需要：

厨房电子秤、磨盘式研磨机、勺子、梅森玻璃罐、带盖子的炖锅或带盖的大容器、法压壶（见第154页）或粗棉布、用于封住容器的绳子或松紧带、密封容器、咖啡杯、水、现烤咖啡豆。

制作方法：

1 称出咖啡豆的用量，然后用研磨机粗磨咖啡豆，咖啡粉的质地应该跟细面包屑一样。

2 把咖啡粉放入梅森罐、平底锅或容器里，然后倒入冷水。咖啡粉与水的比例约为1：4至1：5，因此每杯咖啡粉应该使用4～5杯水，不过也可以根据自己的口味调整比例。

3 将罐子、平底锅或容器密封或盖住，然后浸泡12～18小时。

4 当萃取完成后，还需要过滤咖啡。可以把咖啡倒入法压壶，或者把粗棉布松散地搭在干净的容器上，用绳子或松紧带固定容器边缘，然后将咖啡倒在粗棉布上。

5 将制作完成的咖啡浓缩物放在密封容器中，放入冰箱，最多可存放两周。

6 饮用时，将浓缩咖啡用水或牛奶以1：1的比例稀释，调整到喜欢的浓度。

浸泡法

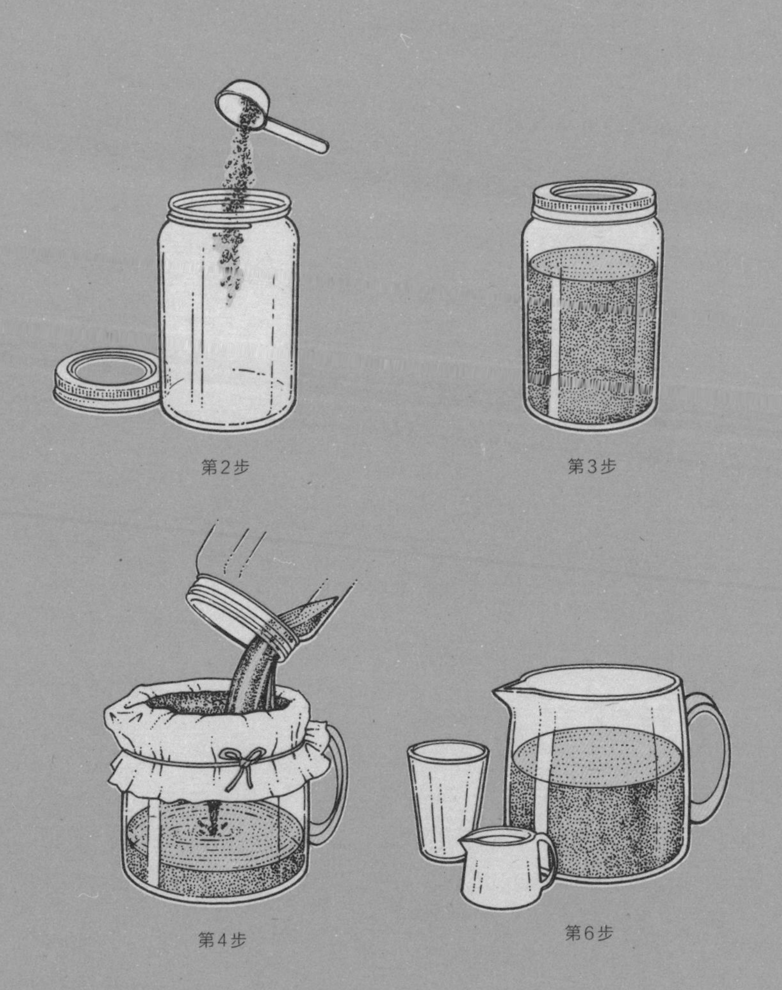
第2步

第3步

第4步

第6步

后记

咖啡给我们的味蕾留下了持久的回味。从几个世纪前被发现到今天，它一直吸引着我们，让我们着迷，让成千上万的人投入大量的时间来寻找完美的味道。

大量烘焙、研磨、冲泡机器的发明，各种技术和萃取某种口味的方法，可以直接作为一个话题——咖啡已经遍及我们生活的方方面面。我们的工作和社交、日常活动和娱乐活动常常包括饮用某个种类的咖啡，这样咖啡就反映出我们身处的社会的历史，而时尚和人们关注的一切都反映在我们选择的咖啡中。不论是我们去办公室的路上手里拿的外卖杯里的卡布奇诺，还是在咖啡馆靠窗位置啜饮的口味浓厚、注入糖浆的浓缩咖啡，或者是与朋友聊天时所喝的原汁原味、手法专业的手冲咖啡，咖啡已经成为我们生活方式中必不可少的一部分。

参考资料

Avelino, J., Barboza, B., Araya, J. C., Fonseca, C., Davrieux, F., Guyot, B., et al. (2005). Effects of slope exposure, altitude and yield on coffee quality in two altitude terroirs of Costa Rica, Orosi, and Santa Maria de Dota. *Journal of the Science of Food and Agriculture, 85* (11), 1869–1876.

Barrett-Connor, E., Chun Chang, J., & Edelstein, S. (1994). Coffee-Associated Osteoporosis Offset by Daily Milk Consumption: The Rancho Bernardo Study. *The Journal of the American Medical Association, 271* (4), 280–283.

Calvin, C., Holzhaeuser, D., Scharf, G., Constable, A., Huber, W., & Schilter, B. (2002). Cafestol and kahweol, two coffee-specific diterpenes with anticarcinogenic activity. *Food Chem Toxicology, 40* (8), 1155–1163.

Duarte, G., & Farah, A. (2011). Effect of simultaneous consumption of milk and coffee on chlorogenic acids' bioavailability in humans. *Journal of Agricultural and Food Chemistry, 59* (14), 7925–7931.

Farah, A., Monteiro, M., & Donangelo, C. M. (2008). Biochemical, Molecular and Genetic Mechanisms: Chlorogenic Acids from Green Coffee Extract are Highly Bioavailable in Humans. *Journal of Nutrition, 138* (12), 2309–2315.

Merritt, C., Bazinet, M., Sullivan, J., & Robertson, D. (1963). Mass Spectrometric Determination of the Volatile Components from Ground Coffee. *Agricultural and Food Chemistry*, 152–155.

[illegible], S., & Nehlig, A. (2000). Dose-response study of caffeine effects on cerebral functional activity with a specific focus on dependence. *Brain Research, 858* (1), 71–77.

Queensland Government. (2013, October 23). *Coffee Processing at home.* Retrieved June 22, 2014, from Department of Agriculture, Fisheries and Forestry: http://www.daff.qld.gov.au/plants/fruit-and-vegetables/specialty-crops/coffee-processing-in-the-home

Ratnayake, W., Hollywood, R., O'Grady, E., & Stavric, B. (1993). Lipid content and composition of coffee brews prepared by different methods. *Food Chemistry Toxicology, 13* (4), 263–269.

Refiller, Bern, 2013, *Lifecycle Assessment: reusable mugs vs. disposable cups*, www.refiller.ch

Richelle, M., Tavazzi, I., & Offord, E. (2001). Comparison of the Antioxidant Activity of Commonly Consumed Polyphenolic Beverages (Coffee, Cocoa, and Tea) Prepared per Cup Serving. *J. Agric. Food Chem., 49* (7), 3438–3442.

Urgert, R., Essed, N., van der Weg, G., Kosmeijer-Schuil, T., & Katan, M. (1997). Separate effects of the coffee diterpenes cafestol and kahweol on serum lipids and liver aminotransferases. *The American Journal of Clinical Nutrition, 65* (2), 519–524.

Watanabe, T., Arai, Y., Mitsui, Y., Kusuara, T., Okawa, W., Kajihara, Y., et al. (2006). The blood pressure-lowering effect and safety of chlorogenic acid from green coffee bean extract in essential hypertension. *Clinical and experimental hypertension, 28* (5), 439–449.

Wright, G., Baker, D., Palmer, M., Stabler, D., Mustard, J., Power, E., et al. (2013). Caffeine in Floral Nectar Enhances a Pollinator's Memory of Reward. *Science, 339* (6124), 1202–1204.

资料网站

Australian Specialty Coffee Association
www.aasca.com

British Coffee Association
www.britishcoffeeassociation.org

Coffee Association of Canada
www.coffeeassoc.com

Green Coffee Association
www.greencoffeeassociation.org

Institute for Scientific Information on Coffee
www.coffeeandhealth.org

International Coffee Organization
www.ico.org

National Coffee Association USA
www.ncausa.org

The Roasters Guild
www.roastersguild.org

Specialty Coffee Association of America
www.scaa.org

Speciality Coffee Association of Europe
www.scae.com

World Coffee Research
www.worldcoffeeresearch.org

图书在版编目（CIP）数据

如何制作咖啡：咖啡豆背后的科学 /（英）拉尼·金斯顿 (Lani Kingston) 著；金黎暄译. -- 长沙：湖南美术出版社，2021.2

ISBN 978-7-5356-9342-6

Ⅰ. ①如… Ⅱ. ①拉… ②金… Ⅲ. ①咖啡–配制 Ⅳ. ① TS273

中国版本图书馆 CIP 数据核字 (2020) 第 212257 号

如何制作咖啡：咖啡豆背后的科学

RUHE ZHIZUO KAFEI: KAFEIDOU BEIHOU DE KEXUE

出 版 人：黄　啸
著　　者：[英] 拉尼·金斯顿
译　　者：金黎暄
选题策划：后浪出版公司
出版统筹：吴兴元
编辑统筹：王　頔
特约编辑：李志丹
责任编辑：贺澧沙
营销推广：ONEBOOK
装帧设计：墨白空间·张静涵
出版发行：湖南美术出版社（长沙市东二环一段 622 号）
　　　　　后浪出版公司（北京市东城区景山东街纳福胡同 13 号）
印　　刷：北京利丰雅高长城印刷有限公司（北京市通州区科创东二街 3 号院）
开　　本：889 × 1194　1/32
字　　数：85 千字
印　　张：5.25
版　　次：2021 年 2 月第 1 版
印　　次：2021 年 2 月第 1 次印刷
书　　号：ISBN 978-7-5356-9342-6
定　　价：53.00 元

读者服务：reader@hinabook.com 188-1142-1266
投稿服务：onebook@hinabook.com 133-6631-2326
直销服务：buy@hinabook.com 133-6657-3072
网上订购：https://hinabook.tmall.com/（天猫官方直营店）